設計技術シリーズ

PRINCIPLE AND DESIGN OF
AC MOTORS

交流モータの原理と設計法
― 永久磁石モータから定数可変モータまで ―

[著]

長崎大学　樋口　剛
　　　　　阿部 貴志
　　　　　横井 裕一

㈱安川電機　宮本 恭祐
　　　　　　大戸 基道

科学情報出版株式会社

まえがき

　電気エネルギーの発生、変換に関与する電気機器、すなわち発電機、変圧器、電動機（モータ）は、1800年にボルタが電池を発明した頃から研究が行われるようになった。1831年のファラデーの電磁誘導の法則の発表を機に開発が大いに進み、現代の発電機やモータの大半は19世紀後半に実用化された。それらを用いて、1882年にロンドンやニューヨークに発電所が建てられて電気事業が開始され、我が国でも1886年の東京電燈会社を皮切りに1880年代に各地で電気事業が開始されている。以後、電力システムは高度化され、現代社会の基盤をなす主要インフラとして発達を遂げている。

　モータは、現在、電気エネルギーの約60％を消費するほど数多く使われており、その高効率化、高信頼化が重要な課題である。さらに、近年は省エネの観点から、ハイブリッドカー、電気自動車等これまで内燃エンジンが用いられてきた自動車の駆動用途にまでその応用が広がっており、そこでは1台のモータに広い可変速度域と高効率域が要求される等、モータ特性への要求が多様化している。

　本書は、モータの研究開発に従事する長崎大学と安川電機の研究者が、薄学非才を省みず、モータ設計の入門書として、モータの基礎から設計法までをできるだけわかりやすく記したものである。さらに、最近注目されている定数可変モータの概要と筆者らの開発例について紹介している。本書が、大学院やメーカーにおいてこれからモータの研究、開発を行おうとする読者のための一助となれば幸いである。なお、不備な点や独断的な点が多々あるが、読者諸賢のご叱正を賜れば幸いである。

　単位はSI単位系を基本とし、それ以外には単位を付けている。内容は、電気磁気学、電気回路、電気機器、自動制御、パワーエレクトロニクス等の基礎を学んでいることを前提に記しているため、わからない用語がある場合は、それぞれの教科書に戻って学習されることをお勧めする。

　本書の執筆に当たっては、多くの電気機器に関する教科書や専門書を

参考にさせて頂いた。特に、第8章の定数可変モータでは、我が国で開発されている主なものをあげさせて頂いた。これらの著者、写真や資料をご提供頂いた関係各位の皆様方に、深く感謝の意を表する。

樋口　剛

目　　次

まえがき

第1章　モータの原理と特性

1.1　交流モータの起磁力、電磁力と誘導起電力 ･････････････････3
　1.1.1　起磁力と磁束 ･････････････････････････3
　1.1.2　交流機の回転起磁力 ････････････････････3
　1.1.3　電磁力 ･･･････････････････････････････5
　1.1.4　誘導起電力 ･･･････････････････････････7
　1.1.5　交流機の誘導起電力 ････････････････････8
1.2　永久磁石モータの原理と特性 ･････････････････････････10
　1.2.1　永久磁石モータの原理 ･･････････････････10
　1.2.2　永久磁石モータの構造 ･･････････････････11
　1.2.3　永久磁石モータの特性 ･･････････････････13
1.3　三相誘導モータの原理と特性 ･････････････････････････19
　1.3.1　三相誘導モータの原理 ･･････････････････19
　1.3.2　三相誘導モータの構造 ･･････････････････23
　1.3.3　誘導モータの特性 ･･････････････････････24
1.4　スイッチトリラクタンスモータの原理と特性 ････････････30
　1.4.1　リラクタンスモータ ････････････････････30
　1.4.2　SRモータの原理 ･･･････････････････････31
　1.4.3　SRモータの特性 ･･･････････････････････31
　1.4.4　セグメント構造SRモータ ･･･････････････32
参考文献･･･35

第2章　モータの制御法

- 2.1　モータドライブの概要　　　39
  - 2.1.1　構成要素　　　39
  - 2.1.2　負荷特性　　　40
  - 2.1.3　制御構成　　　41
  - 2.1.4　速度制御の概念　　　42
- 2.2　交流モータモデル　　　44
  - 2.2.1　座標変換　　　44
  - 2.2.2　同期モータモデル　　　48
  - 2.2.3　誘導モータモデル　　　54
- 2.3　交流モータの制御方式　　　57
  - 2.3.1　永久磁石型同期モータの制御　　　57
  - 2.3.2　誘導モータの制御　　　62
- 参考文献　　　65

第3章　モータ設計の概要

- 3.1　交流モータの設計概論　　　69
  - 3.1.1　交流モータの出力方程式と装荷　　　69
  - 3.1.2　設計概説　　　71
- 3.2　主要寸法の決定　　　72
  - 3.2.1　装荷分配法　　　72
  - 3.2.2　D^2l法　　　74
- 3.3　最適設計　　　75
  - 3.3.1　SPMSM 最適設計の定式化　　　75
  - 3.3.2　最適設計例　　　82
- 3.4　評価関数　　　85
- 参考文献　　　87

第4章 電気回路設計

- 4.1 巻線 ··· 91
  - 4.1.1 同期機の電機子巻線と誘導機の一次巻線 ············· 92
  - 4.1.2 同期機の界磁巻線 ·· 93
  - 4.1.3 誘導機の二次巻線 ·· 93
- 4.2 回転起磁力と巻線係数 ··· 94
  - 4.2.1 分布巻 ··· 95
  - 4.2.2 集中巻 ··· 103
  - 4.2.3 整数スロット巻線と分数スロット巻線 ··············· 107
- 4.3 かご形誘導機の固定子と回転子のスロット数の組合せ ··· 109
  - 4.3.1 ギャップ磁束密度分布 ······································ 110
  - 4.3.2 停止時 ($\omega_m=0$) における高調波成分の影響 ············ 112
  - 4.3.3 正回転時 ($\omega_m>0$) における高調波成分の影響 ········ 113
  - 4.3.4 逆回転時 ($\omega_m<0$) における高調波成分の影響 ········ 114
  - 4.3.5 ラジアル力のアンバランス ······························· 114
  - 4.3.6 スロット数の組合せ ··· 114
- 4.4 材料 ··· 116
  - 4.4.1 導電材料 ··· 116
  - 4.4.2 絶縁材料 ··· 117
- 参考文献 ··· 118

第5章 磁気回路設計

- 5.1 磁性材料 ·· 121
  - 5.1.1 強磁性体材料 ··· 121
  - 5.1.2 永久磁石材料 ··· 123
- 5.2 磁気回路設計の基礎 ··· 124
  - 5.2.1 磁化曲線と動作点 ·· 124
  - 5.2.2 磁束の漏れの考慮 ·· 126

5.3 磁石設計の基礎 ……………………………………………126
　5．3．1　磁化曲線と動作点……………………………………126
　5．3．2　永久磁石の減磁曲線…………………………………129
　5．3．3　環境変化と動作点……………………………………130
参考文献 ………………………………………………………………133

第6章　永久磁石モータの設計

6．1　モータ定数の向上 ……………………………………………137
　6．1．1　PMSMのトルク速度特性……………………………137
　6．1．2　モータ定数………………………………………………138
　6．1．3　モータ定数と特性の関係……………………………139
6．2　出力範囲の拡大 ………………………………………………141
6．3　トルク脈動の低減 ……………………………………………142
　6．3．1　コギングトルク…………………………………………143
　6．3．2　リップルトルク…………………………………………143
6．4　永久磁石界磁設計 ……………………………………………146
　6．4．1　耐熱減磁設計……………………………………………147
　6．4．2　磁石形状とトルクリップルの関係…………………147
　6．4．3　磁石形状と磁石減磁特性……………………………151
6．5　電機子巻線設計 ………………………………………………156
　6．5．1　整数スロット巻線と分数スロット巻線……………156
　6．5．2　高効率巻線設計例………………………………………157
　6．5．3　Slot Star Diagram ……………………………………160
　6．5．4　Slot Star Diagramによる起磁力解析 ……………162
　6．5．5　Slot Star Diagramによる巻線係数k_wの導出 …165
　6．5．6　モータ形状と評価関数の関係………………………167
6．6　SPMSMとIPMSMの特性と応用例 ………………………170
　6．6．1　ロータ構造と定出力特性の関係……………………170
　6．6．2　SPMSMとIPMSMの応用例…………………………170

 6.7 永久磁石モータの設計例 ･････････････････････････172
参考文献･･190

第7章　誘導モータの設計

 7.1 トルク発生原理の相違 ･････････････････････････････195
 7.2 誘導モータ設計のポイント ･････････････････････････198
  7.2.1 電機子起磁力の正弦波化 ･････････････････････198
  7.2.2 励磁電流の低減化設計･･･････････････････････200
  7.2.3 ロータ冷却設計 ･････････････････････････････201
 7.3 可変速用誘導モータ　用途例 ･･･････････････････････203
  7.3.1 V/f制御およびベクトル制御の相違点 ･･････････204
  7.3.2 定トルク負荷特性用途（エレベータ用）･････････210
  7.3.3 ２乗逓減トルク負荷特性用途（送風機・コンプレッサ用）････212
  7.3.4 定出力負荷特性用途（工作機械主軸）･･･････････215
 7.4 誘導モータの設計例 ･･･････････････････････････････218
  7.4.1 電機子仕様 ･････････････････････････････････218
  7.4.2 ロータ仕様 ･････････････････････････････････226
  7.4.3 磁気回路設計 ･･･････････････････････････････228
  7.4.4 その他の回路定数計算 ･･･････････････････････232
  7.4.5 設計結果まとめ ･････････････････････････････243
参考文献･･246

第8章　定数可変モータ

 8.1 定数可変・界磁可変モータの研究動向 ･･･････････････251
 8.2 巻線切替えモータ ･････････････････････････････････262
  8.2.1 モータの概要 ･･･････････････････････････････262
  8.2.2 ドライバの概要 ･････････････････････････････264
  8.2.3 巻線切替え時の動作説明 ･････････････････････264

8.3 可変界磁モータ 266
  8.3.1 可変界磁モータの構造 266
  8.3.2 モータ特性 269
  8.3.3 駆動特性 271
8.4 半波整流ブラシなし同期モータ 273
  8.4.1 モータ構成と特長 273
  8.4.2 半波整流ブラシなし励磁法とトルク発生原理 274
  8.4.3 実験機の試作と実験結果 279
  8.4.4 定常特性解析結果 283
参考文献 287

第1章

モータの原理と特性

本章では、モータを設計する際に理解しておくべきモータの原理と特性について概説する。

1.1 交流モータの起磁力、電磁力と誘導起電力
1.1.1 起磁力と磁束

図 1.1 (a) のように平均長 l_i、断面積 S_i の鉄心に巻数 N のコイルを巻き電流 I を流すと磁束密度 B の磁界が発生する。磁界を発生させる力を起磁力と呼び $\Im$ ($=NI$) で表す。磁界が空気中に漏れず、B と鉄心中の磁界の強さ H の関係が鉄心の透磁率 μ を使って $B=\mu H$ で与えられるとき、磁束 Φ ($=BS_i$) は同図 (b) の等価回路を使って求めることができる。電気回路の起電力に相当するものは起磁力 $\Im$、抵抗に相当するものは磁気抵抗 R_m、電流に相当するものは Φ で、次の関係が成立する。

$$\Phi = \frac{\Im}{R_m} = \frac{NI}{R_m} \quad \cdots\cdots\cdots\cdots (1.1)$$

$$R_m = \frac{1}{\mu}\frac{l_i}{S_i} \quad \cdots\cdots\cdots\cdots (1.2)$$

1.1.2 交流機の回転起磁力

図 1.2 (a) のように固定子鉄心のスロットに挿入された三相巻線（電

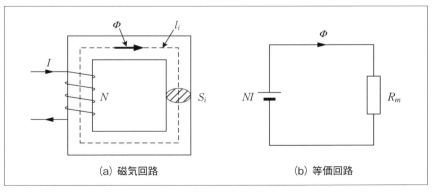

〔図 1.1〕起磁力と磁束

機子巻線）に、(1.3) 式で与えられる実効値 I、角周波数 ω（$=2\pi \times$ 周波数 f）の三相交流電流を流すと、一定角速度 ω（電気角）で回転する回転起磁力 $\mathfrak{I}_a$ が発生する。$\mathfrak{I}_a$ の基本波成分 $\mathfrak{I}_{a1}$ は (1.4) 式のような正弦波で与えられる。

$$
\begin{aligned}
i_u &= \sqrt{2}I \cos \omega t \\
i_v &= \sqrt{2}I \cos(\omega t - 2\pi/3) \\
i_w &= \sqrt{2}I \cos(\omega t - 4\pi/3)
\end{aligned}
\quad \cdots\cdots\cdots (1.3)
$$

$$
\mathfrak{I}_{a1} = \frac{3}{2}\mathfrak{I}_m \sin(\theta - \omega t) \quad \cdots\cdots\cdots (1.4)
$$

ここで、交流モータの電機子巻線において 1 相の直列巻数を N_{ph}、極数を p、巻線係数を k_w とすると、(1.4) 式の $\mathfrak{I}_m$ は次式で与えられる。k_w は巻線法によって決まり、第 4 章で詳述する。

$$
\mathfrak{I}_m = \frac{4\sqrt{2}}{\pi} \frac{k_w N_{ph}}{p} I \quad \cdots\cdots\cdots (1.5)
$$

回転起磁力 $\mathfrak{I}_a$ は、回転子鉄心の形状に応じて空間的に分布する回転

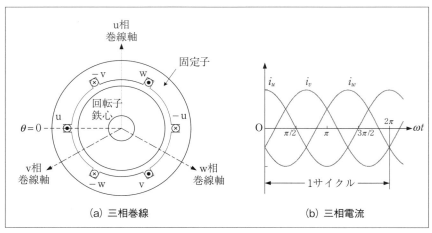

〔図1.2〕三相電機子巻線と三相交流電流

磁界を発生させる。図1.2の巻線と電流によって発生する回転磁界は、図1.3のように時間の経過に従って反時計方向に回転する。回転磁界の速度を同期速度と呼び、機械角で表した同期角速度 ω_1 および毎秒当たりの回転数（同期速度）n_1 は次式のように周波数に比例し極数に反比例する。

$$\omega_1 = 2\omega/p \quad \cdots\cdots\cdots\cdots\cdots\cdots\cdots\cdots\cdots\cdots\cdots\cdots (1.6)$$

$$n_1 = 2f/p \quad \cdots\cdots\cdots\cdots\cdots\cdots\cdots\cdots\cdots\cdots\cdots\cdots\cdots (1.7)$$

1.1.3　電磁力

図1.4に示すように磁束密度 B の磁界中で、磁界に直交する長さ l の導体に電流 I を流すと、導体には B と I に垂直な方向に大きさ F の電磁力が発生する。F は、

$$F = IBl \quad \cdots\cdots\cdots\cdots\cdots\cdots\cdots\cdots\cdots\cdots\cdots\cdots\cdots (1.8)$$

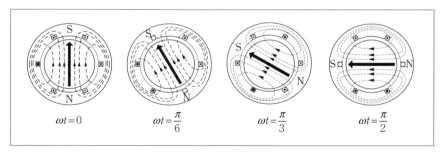

〔図1.3〕回転磁界

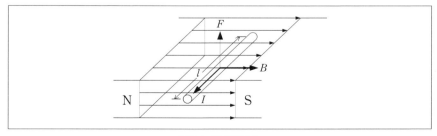

〔図1.4〕電磁力

で与えられ、その向きはフレミングの左手の法則から求められる。すなわち、図1.5に示すように、左手の親指、人差し指、中指を互いに直角に開くと、それぞれF、B、Iの方向を示す。

電磁力は、磁石が鉄心を引きつけることによっても発生する。図1.6 (a) のように、固定子の鉄心にコイルを巻き、突極構造の鉄心が回転するモデルを考える。図の状態でコイルに電流iを流したときに発生する磁束鎖交数ψは同図 (b) の実線で与えられるものとする。電流がIで磁束鎖交数がΨになったときの磁界中に蓄えられる磁気エネルギーW_mは、

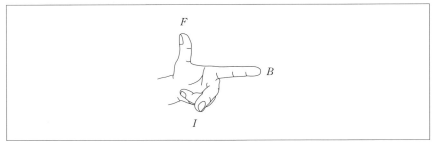

〔図1.5〕フレミングの左手の法則

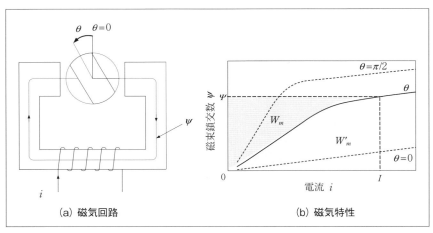

(a) 磁気回路　　　　　　　(b) 磁気特性

〔図1.6〕突極鉄心回転モデルにおける磁気回路と磁気特性

$$W_m = \int_0^{\Psi} i\, d\psi \quad \cdots\cdots\cdots\cdots\cdots\cdots\cdots\cdots\cdots\cdots\cdots\cdots\cdots\cdots (1.9)$$

また、同図 W'_m の部分は磁気随伴エネルギーと呼ばれ、次式で表される。

$$W'_m = \int_0^I \psi\, di \quad \cdots\cdots\cdots\cdots\cdots\cdots\cdots\cdots\cdots\cdots\cdots\cdots\cdots (1.10)$$

図1.6 (b) における i と ψ の関係は回転子の位置 θ によって変化し、$\theta = 0$ および $\pi/2$ のときの関係は点線で示すようになる。電流 I において、回転子が微小回転したときのトルクは、

$$T = -\frac{\partial W_m}{\partial \theta} = -\int_0^{\Psi} \frac{\partial i}{\partial \theta} d\psi = \frac{\partial W'_m}{\partial \theta} = \int_0^I \frac{\partial \psi}{\partial \theta} di \quad \cdots\cdots\cdots (1.11)$$

で求められる。このように、i と ψ の関係が非線形となるときのトルク等の特性解析では有限要素法ソフトを用いると便利である。

なお、i と ψ の間に線形の関係がある場合、θ の関数となる自己インダクタンス L を使って、

$$\psi = Li \quad \cdots\cdots\cdots\cdots\cdots\cdots\cdots\cdots\cdots\cdots\cdots\cdots\cdots\cdots\cdots\cdots (1.12)$$

$$W'_m = \int_0^I \psi\, di = \frac{1}{2} L I^2 \quad \cdots\cdots\cdots\cdots\cdots\cdots\cdots\cdots\cdots\cdots (1.13)$$

$$T = \frac{\partial W'_m}{\partial \theta} = \frac{1}{2} I^2 \frac{\partial L}{\partial \theta} \quad \cdots\cdots\cdots\cdots\cdots\cdots\cdots\cdots\cdots\cdots (1.14)$$

となる。このように、電磁石が鉄を吸引することにより発生するトルクをリラクタンストルクと呼ぶ。

1.1.4 誘導起電力

図1.7に示すように、磁束密度が B の静止した一様磁界中で磁界に直交する向きに置かれた長さ l の導体が、磁界に垂直方向に速度 v で運動すると、ファラデーの電磁誘導の法則により導体には誘導起電力 e が発生する。その大きさは、

$$e = vBl \quad \cdots\cdots\cdots\cdots\cdots\cdots\cdots\cdots\cdots\cdots\cdots\cdots\cdots\cdots\cdots\cdots\cdots\cdots\cdots\cdots\cdots\cdots\cdots\cdots \quad (1.15)$$

で与えられ、向きはフレミングの右手の法則から求められる。すなわち、図 1.8 に示すように、右手の親指、人差し指、中指を互いに直交するように開くと、それぞれ v、B、e の方向を示す。

1.1.5　交流機の誘導起電力

図 1.9（a）は、三相同期モータにおいて、N 極、S 極に磁化された回転子が同期角速度 ω_1 で反時計方向に回転している様子を示す。回転する界磁磁極軸の中心が固定子電機子巻線の u 相巻線軸と一致した瞬間を時間 t の原点に取ると、電機子巻線には図 1.9（b）に示すような正弦波形の起電力 e_u、e_v、e_w が誘導される。

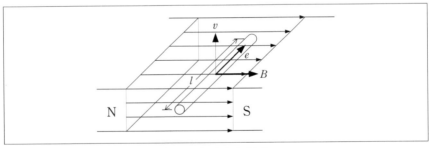

〔図 1.7〕速度起電力

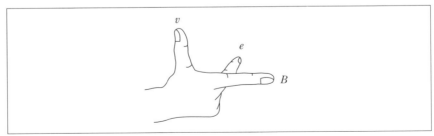

〔図 1.8〕フレミングの右手の法則

$$e_u = \sqrt{2}E\sin\omega t$$
$$e_v = \sqrt{2}E\sin(\omega t - 2\pi/3) \quad \cdots\cdots\cdots\cdots\cdots\cdots\cdots\cdots (1.16)$$
$$e_w = \sqrt{2}E\sin(\omega t - 4\pi/3)$$

ただし、E は誘導起電力の実効値で、1相の直列巻数を N_{ph}、極数を p、巻線係数を k_w、磁束を Φ とすると次式で与えられる。

$$E = \sqrt{2}\pi f k_w N_{ph} \Phi = 4.44 f k_w N_{ph} \Phi \quad \cdots\cdots\cdots\cdots\cdots\cdots\cdots (1.17)$$

Φ は、同期モータでは回転する電磁石または永久磁石による磁束であり電機子巻線に無負荷誘導起電力 E_0 を発生させ、誘導モータでは一次電流による回転磁束であり一次巻線に一次誘導起電力 E_1 を発生させる。誘導された (1.16) 式の起電力の角周波数 ω または周波数 f と回転子の機械角で表した同期角速度 ω_1 または同期速度 n_1 の関係はそれぞれ (1.6)、(1.7) 式で与えられる。

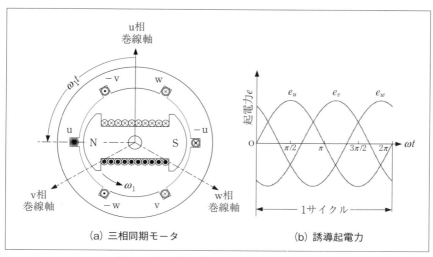

(a) 三相同期モータ　　(b) 誘導起電力

〔図1.9〕三相同期モータと誘導起電力

1.2 永久磁石モータの原理と特性

モータへの高効率化の要求と高性能永久磁石の開発に伴って、永久磁石（PM）モータが多く用いられるようになった。

1.2.1 永久磁石モータの原理

(a) 動作原理

図1.10 (a)、(b) は表面磁石形PMモータ（SPMSM）の構造略図と原理図を示す。1.1.2項で述べたように、同図 (a) の三相電機子巻線に (1.3) 式の三相交流電流を流すと基本波成分が (1.4) 式で表され、同期角速度 ω_1 で回転する回転起磁力 $\mathfrak{S}_a$ が発生する。同図 (b) の Φ_a は $\mathfrak{S}_a$ による回転磁束を表し、Φ_f は磁石による磁束を表す。Φ_a は、図のように同期角速度 ω_1 で回転するN、Sの磁石による磁束と等価であり、回転子が回転磁束と同じ同期角速度 ω_1 で回転している場合、回転子側の磁石N、Sはこの回転磁束に引っ張られて、言い換えると Φ_f が Φ_a と方向を一致しようとして、トルクを発生する。なお、実際の磁束 Φ は図のように Φ_f と Φ_a の合成磁束である。

このように、PMモータは、固定子（電機子）電流の作る回転磁束と回転子の磁石が作る磁束が同じ速度で回転しているときにトルクを発生する。したがってPMモータは、原理的に始動時にトルクを持たず、適当な方法で始動トルクを発生させる必要がある。

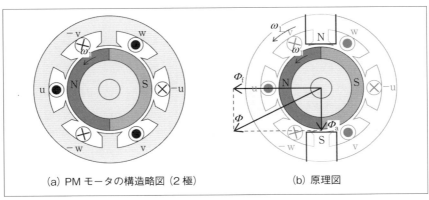

(a) PMモータの構造略図（2極）   (b) 原理図

〔図1.10〕PMモータの構造略図と原理図

普通、回転磁束の速度が $n_1=2f/p$ と周波数に比例するため、インバータを使って低周波数でモータを始動（同期引入れ）し、徐々に周波数を上げて加速する。回転子の永久磁石が回転すると、(1.16) 式で求められる起電力がモータに加えた電圧に対向する向きに発生する。これを逆起電力と呼びその実効値 E_0 は (1.17) 式で求められる。始動時は周波数 f が小さく逆起電力が小さいため低電圧で始動し、速度を増すとともに f に比例して電圧を増加させる。

また、回転子の磁極片に施した制動巻線（かご型巻線）を使って、1.3節で述べるかご形誘導モータとして始動させる方法がある。回転子が加速し、同期速度近くになると回転子は同期速度に引き入れられ同期運転状態になる。同期速度では、制動巻線によるトルクはゼロになる。図1.11は著者らが提案した自己始動形 PM モータの構造とトルク－すべり特性である[1-1]。

1．2．2　永久磁石モータの構造

PM モータの構造例を図 1.12 に示す。固定子鉄心は、渦電流による鉄損（渦電流損）を軽減するために厚さ 0.35 または 0.5mm 等の無方向性電磁鋼帯の表面をワニス絶縁処理したけい素鋼板を積み重ねた積層鉄心が用いられる。

電機子巻線は図 1.10（a）に示すような分布巻と図 1.12 に示すような

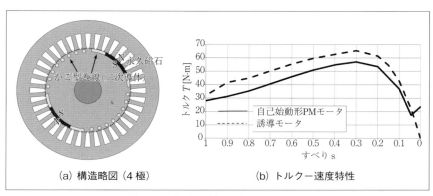

(a) 構造略図（4極）　　(b) トルク－速度特性

〔図 1.11〕自己始動形 PM モータ

集中巻が用いられる。最近は、コイルエンドを短くして銅損を減らし効率を上げるために小・中形機では集中巻もよく用いられる。

PM モータは、図 1.12（a）に示すように回転子表面に磁石が配置される表面磁石形 PM モータ（SPMSM）と同図（b）に示すように鉄心中に磁石が埋め込まれる埋込磁石形 PM モータ（IPMSM）に分類される。

SPMSM は、永久磁石と電機子電流によってトルク（マグネットトルク）を発生するが、普通、ハードまたはソフト的に回転子位置を検出し、トルクが最大になるように、回転磁束が永久磁石の軸に対して常に電気角で $\pi/2$ になるように電流を制御する。SPMSM は、永久磁石を回転子鉄心に貼り付けるため、高速用途では遠心力対策としてステンレスや強化プラスチックカバー等が必要になる。したがって、比較的小形のものが多く、低振動、低騒音が望まれる用途で用いられている。

IPMSM は、永久磁石と電機子電流によるマグネットトルクに加えて、1.1.3 項で述べたリラクタンストルクを持つため、後述するように d 軸電流 i_d、q 軸電流 i_q を制御することにより高トルク、高効率運転が可能である。また、SPMSM に比べて高速運転時の弱め磁束制御が容易である。さらに、磁石が遠心力によって飛散せず、機械的強度が大きい特長があるため、高効率や高速・定出力運転が要求される用途で用いられる。

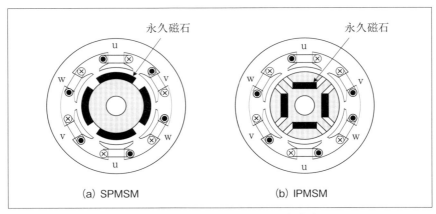

〔図 1.12〕PM モータの構造例（4 極）

1.2.3 永久磁石モータの特性
(a) 電機子反作用

1.1.5項で述べたように永久磁石による界磁磁束 Φ_f が電機子巻線に発生する無負荷誘導起電力 E_0 は、供給電圧 V に対向する向きに発生する逆起電力 $E_0'(=-E_0)$ となり、その大きさは (1.17) 式に示すように、周波数 f に比例する。

電流制御を行わない場合は、電機子電流の位相は、V と E_0' の大きさの大小関係により変化し、電機子電流による回転磁束 Φ_a は Φ_f に影響を及ぼす。

無負荷時に供給電圧 V と逆起電力 E_0' の間に $V>E_0'$ の関係があるとき、電流 I は供給電圧 V に対して位相が $\pi/2$ だけ遅れ、Φ_a は Φ_f を強める方向に働く。負荷時では、図 1.13 (a) に示すように、回転子は無負荷の位置より負荷角(内部相差角)δ だけ遅れた位置を保って同期角速度 ω_1 で回転を続け、I は遅れ電流になる。

無負荷で $V<E_0'$ の場合は、I は V に対して $\pi/2$ だけ進み、Φ_a は Φ_f を弱める方向に働く。同図 (b) は負荷時の場合で、I は進み電流になる。

$V=E_0'$ の場合は、無負荷時は $I=0$ となり、負荷時は負荷電流 I が供給電圧 V と同相になる。

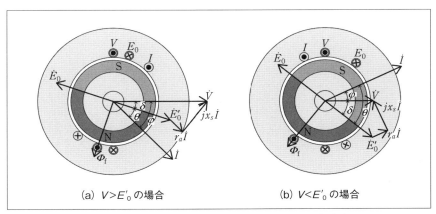

(a) $V>E_0'$ の場合   (b) $V<E_0'$ の場合

〔図 1.13〕負荷時の SPMSM のベクトル図(2極)

(b) 等価回路と SPMSM のベクトル図

電機子電流 I が流れると、電機子反作用によって逆起電力は E'_0 から内部起磁力 E_a に変化するが、これは次式のように等価的に I によるリアクタンス降下として表すことができる。この x_a を電機子反作用リアクタンスと呼ぶ。

$$E_a - E'_0 = jx_a I \quad \cdots\cdots\cdots\cdots\cdots (1.18)$$

図 1.14 に SPMSM の等価回路と $V>E'_0$ のときのベクトル図を示す。r_a は電機子巻線抵抗、x_s は同期リアクタンスで、x_s は $x_a + x_l$ で表される。V と E'_0 の間には次の関係が成り立つ。

$$V = E'_0 + (r_a + jx_s)I \quad \cdots\cdots\cdots\cdots\cdots (1.19)$$

なお、x_l は電機子漏れリアクタンスで、電機子電流によって作られる磁束の一部が、図 1.15 に示すように、スロット内、歯頭、コイル端で電流が流れている導体と鎖交し電流の変化を妨げる向きに逆起電力を生ずるために定義されたものである。$Z_s = r_a + jx_s$ を同期インピーダンスと呼ぶ。

(c) IPMSM のベクトル図

図 1.16 (a) に示すように鉄心中に永久磁石が埋め込まれた IPMSM の場合、固定子側で発生した磁束は永久磁石の中は通りにくく、鉄の中は通りやすい。このような場合の電機子反作用を、図のように、電機子電

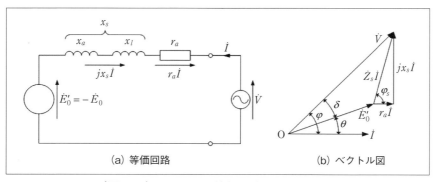

(a) 等価回路　　　　(b) ベクトル図

〔図 1.14〕SPMSM の等価回路とベクトル図

流によって生じる回転磁束 $\boldsymbol{\varPhi_a}$ を永久磁石による界磁磁束の軸方向成分 $\boldsymbol{\varPhi_d}$ とその直角方向成分 $\boldsymbol{\varPhi_q}$ に分けて考える。図のように直軸（d軸）と横軸（q軸）を取り、$\boldsymbol{E_0'}$ と $\boldsymbol{I}$ の位相差を θ と置く。電機子電流 $\boldsymbol{I}$ を直軸分 $\boldsymbol{I_d}$ ($I_d = I\sin\theta$) と横軸分 $\boldsymbol{I_q}$ ($I_q = I\cos\theta$) に分けて考えると、三相電機子巻線をそれぞれ I_d、I_q の電流が流れ $\varPhi_d$、$\varPhi_q$ の磁束を発生させる仮想の2つの電機子コイルに置き換えて考えることができる（$\boldsymbol{\varPhi_d}$、$\boldsymbol{\varPhi_q}$ の合成磁束が $\boldsymbol{\varPhi_a}$ となる）。

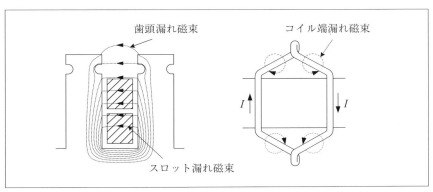

〔図1.15〕電機子漏れ磁束

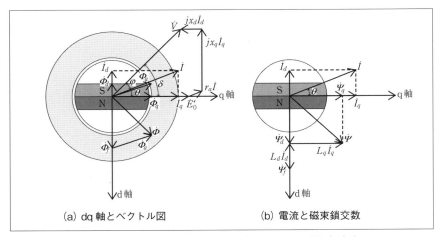

(a) dq軸とベクトル図　　　(b) 電流と磁束鎖交数

〔図1.16〕IPMSMのd軸、q軸とベクトル図（2極）

ギャップの直軸磁気抵抗を R_{md}、横軸磁気抵抗を R_{mq} とすると、図では $R_{md} > R_{mq}$ であるため、Φ_f、Φ_d、Φ_q の合成磁束 Φ は図のように偏位する。

　Φ_d、Φ_q によって仮想の電機子巻線に誘導される逆起電力を E_d、E_q とすると、I_d、I_q によるリアクタンス降下として次式のように表すことができる。

$$E_d = jx_{ad} I_d, \quad E_q = jx_{aq} I_q \quad \cdots\cdots\cdots (1.20)$$

ここで、x_{ad} は直軸電機子反作用リアクタンス、x_{aq} は横軸電機子反作用リアクタンスと呼ばれる。また、

$$x_d = x_{ad} + x_l, \quad x_q = x_{aq} + x_l \quad \cdots\cdots\cdots (1.21)$$

とおいてベクトル図を書くと、図のようになる。ここで、x_d は直軸（同期）リアクタンス、x_q は横軸（同期）リアクタンスと呼ばれる。

(d) 特性式

　図1.13に示すSPMSMの入力 P_1 と機械出力 P_0 は、次のように求められる。

$$P_1 = 3VI\cos\varphi \quad \cdots\cdots\cdots (1.22)$$

$$P_0 = 3E'_0 I\cos\theta = 3E'_0 I\cos(\varphi - \delta) \quad \cdots\cdots\cdots (1.23)$$

　トルク T と負荷角 δ との関係は、r_a は x_s に比べて十分小さいとして無視すると、

$$T = \frac{P_0}{\omega_1} = \frac{P_0}{2\pi n_s} = \frac{3}{2\pi n_s} \frac{VE'_0}{x_s} \sin\delta \quad \cdots\cdots\cdots (1.24)$$

で与えられ、T は $\sin\delta$ に比例する。V、E_0' が一定の場合、図1.17(a)のように、T は負荷の変化に応じて変化し、負荷角 δ が $\delta = \pi/2$ のとき最大となる。

　同様に、図1.16に示すIPMSMのトルク T は、

$$T = \frac{3}{2\pi n_s} \frac{V E_0}{x_d} \sin\delta + \frac{3V^2}{2\pi n_s} \frac{x_d - x_q}{2 x_d x_q} \sin 2\delta \quad \cdots\cdots\cdots\cdots (1.25)$$

で与えられる。モータの T と δ の関係は、図 1.17 (b) のようになる。T は永久磁石による界磁磁束によって発生し $\sin\delta$ に比例する第 1 項 T_{PM} と、x_d と x_q の差に起因し $\sin 2\delta$ に比例する第 2 項 T_R の和で表され、$\delta = \pi/2$ と $3\pi/4$ の中間付近で最大となる。T_R は界磁磁束に依存せず、回転子の突極性により発生するトルクでリラクタンストルクと呼ばれる。

PM モータの負荷を増やしていくと δ は次第に大きくなり、たとえば SPMSM の場合は、$\delta = \pi/2$ でトルクは最大値に達し、それ以上負荷トルクをかけるとモータは同期はずれを起こして停止する。モータが、定格周波数、定格電圧において同期運転できる最大トルクを脱出トルクと呼ぶ。

なお、制御の面からは、電流を基準とした式で考えるほうが便利である。IPMSM では、図 1.16 (b) に示す直軸基本波磁束鎖交数 Ψ_d と横軸基本波磁束鎖交数 Ψ_q は、それぞれ次式で与えられる。

$$\Psi_d = \Psi_f - L_d I_d \quad \cdots\cdots\cdots\cdots\cdots\cdots\cdots\cdots\cdots\cdots (1.26)$$

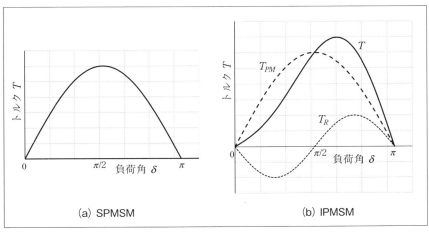

〔図 1.17〕PM モータのトルクと負荷角の関係

$$\Psi_q = L_q I_q \quad \cdots\cdots\cdots\cdots\cdots\cdots\cdots\cdots\cdots\cdots\cdots\cdots (1.27)$$

ここで、自己インダクタンス L_d、L_q とリアクタンス x_d、x_q には、以下の関係がある。

$$x_d = \omega L_d, \ x_q = \omega L_q \quad \cdots\cdots\cdots\cdots\cdots\cdots\cdots\cdots\cdots (1.28)$$

互いに直交する電機子電流と鎖交磁束の積により、一極当たりのトルクは次式で与えられる。電流を一定にし、電流位相 θ を変化したときのトルク波形を図1.18に示す。

$$\begin{aligned} T &= \Psi_d I_q + \Psi_q I_d = \Psi_f I_q + (L_q - L_d) I_d I_q \\ &= \Psi_f I \cos\theta + \frac{1}{2}(L_q - L_d) I^2 \sin 2\theta \end{aligned} \quad \cdots\cdots (1.29)$$

PMモータのエネルギーの流れを図1.19に示す。損失には、鉄損 P_i、電機子巻線の銅損 P_{ca}、機械損 P_m（軸受の摩擦損、風損）、漂遊負荷損 P_{st} 等がある。さらに、高速になると永久磁石に鎖交する高調波による渦電流損も問題になる。入力 P_1 は、相電圧 V、負荷電流 I、負荷力率 $\cos\varphi$ のとき、$3VI\cos\varphi$ であり、諸損失の和を P_l とすると規約効率 η は次式によって計算される。

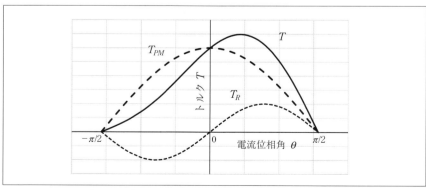

〔図1.18〕IPMSMのトルクと電流位相角の関係

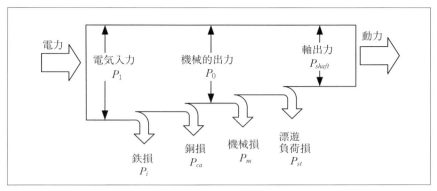

〔図 1.19〕PM モータのエネルギーの流れ

$$\eta = \frac{P_1 - P_l}{P_1} = \frac{3VI\cos\varphi - P_l}{3VI\cos\varphi} \quad\cdots\cdots\cdots\cdots\cdots\cdots (1.30)$$

1.3 三相誘導モータの原理と特性

　三相誘導モータは構造が簡単で丈夫であり、価格も安く、電源につなぐだけで自己始動し、取扱いも容易という特長を持つ。ポンプ、送風機、圧縮機等の多様な用途で使われており、2012年時点で我が国で生産されるモータにおいて容量ベースでは全体の8割近くを占めるほど多く用いられている。さらにインバータ等のパワーエレクトロニクス技術とベクトル制御等の制御技術の発達により、優れた速度制御、トルク制御が可能となり、応用分野が拡大している。

1.3.1　三相誘導モータの原理

(a) 回転磁界

　三相誘導モータの構造略図を図 1.20 (a)、(b) に示す。固定子巻線は 1.2 節で述べた PM モータの電機子巻線と同じ構造であるが、誘導モータでは固定子巻線または一次巻線と呼ぶ。固定子巻線に (1.3) 式の三相交流電流を流すと、1.1.2 項で述べたように、同期角速度 ω_1 で回転する回転起磁力 $\mathfrak{F}_1$ が発生する。$\mathfrak{F}_1$ は回転磁界を発生させるが、誘導モータ

の回転子は円筒形でエアギャップが一様であるため、ギャップ磁束密度の分布は、起磁力の分布とほぼ同じ正弦波状になる。

(b) トルク発生の原理

回転子は、同図(b)のように鉄心中に棒状の二次導体を回転子外周に沿って軸方向に挿入し両端を端絡環で短絡した、かご形回転子が一般的である。固定子側で回転磁界を発生させると、図(c)のように、回転磁界 B が速度 v で二次導体を切るため、回転子の導体に1.1.5項で述べた誘導起電力 E が発生して電流 I が流れ、この電流 I と回転磁界 B との間で1.1.3項で述べた電磁力 F が v と同方向に発生し、トルクが発生する。

このように、三相誘導モータは回転子と回転磁界の速度差によって二次導体に誘導電流を生じさせトルクを発生する。したがって、通常、回転子は同期速度 n_1 (同期角速度 ω_1) で回転している回転磁界より遅れて回転する。回転子の回転速度を n_2 (回転角速度 ω_2) とすると、回転磁界の回転子に対する相対速度 n_1-n_2 と n_1、または $\omega_1-\omega_2$ と ω_1 の比をすべり s と呼び、誘導機では速度の代わりによく用いられる。

$$s = \frac{n_1-n_2}{n_1} = \frac{\omega_1-\omega_2}{\omega_1} \quad \cdots\cdots\cdots\cdots\cdots (1.31)$$

回転子が静止しているときは $s=1$、同期速度で回転しているときは

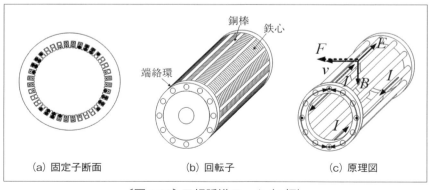

〔図1.20〕三相誘導モータ（4極）

$s=0$ で、定格運転は普通 $s=0\sim 0.1$ で行われる。

すべりを使うと、回転速度 n_2 や回転角速度 ω_2 は次式で与えられる。

$$n_2=(1-s)n_1$$
$$\omega_2=(1-s)\omega_1 \quad\quad\quad\quad\quad\quad\quad\quad (1.32)$$

(c) 一次誘導起電力

回転磁界は、半径方向に磁化された磁石が固定子上を円周方向に回転するのと等価であるため、1.1.5項で述べたように、(1.16)式で与えられる誘導起電力が固定子巻線に発生する。これを一次誘導起電力と呼び、実効値 E_1 は、回転磁束の大きさを Φ とすると、(1.17)式と同様に、次式で与えられる。

$$E_1 = 4.44 f k_{w1} N_1 \Phi \quad\quad\quad\quad\quad\quad\quad\quad (1.33)$$

このように、一次巻線には巻線に加えた電流に対して、位相が $\pi/2$ だけ遅れた誘導起電力が発生するため、トルクを発生して回転し続けるためには、誘導起電力と大きさが等しく極性が反対の電圧を供給し続けなければならない。以後、一次巻線の相数を m_1、巻数を N_1、巻線係数を k_{w1}、二次巻線（二次導体）の相数を m_2、巻数を N_2、巻線係数を k_{w2} と置いて話を進める。

(d) 二次誘導起電力

回転磁界は一次巻線だけでなく回転子の二次導体にも二次誘導起電力を発生させる。回転子がすべり s で回転している場合、回転磁界は二次導体を相対角速度 $\omega_1-\omega_2=s\omega_1$ で切るため、二次導体に誘導される起電力の周波数 f_2 および二次誘導起電力の実効値 E_{2s} は、

$$f_2 = sf \quad\quad\quad\quad\quad\quad\quad\quad (1.34)$$
$$E_{2s} = sE_2 = 4.44 s f k_{w2} N_2 \Phi \quad\quad\quad\quad\quad\quad\quad\quad (1.35)$$

と回転子静止時の周波数 f と二次誘導起電力 E_2 の s 倍となる。二次周波数 f_2 はすべり周波数と呼ばれる。

(e) 二次電流と二次起磁力

二次導体に二次誘導起電力が発生すると、端絡環で短絡された二次導体には二次電流 I_2 が流れトルクを発生する。

回転子導体に二次電流 I_2 が流れると、各導体には回転起磁力が発生する。その合成起磁力 $\mathfrak{S}_2$ は $s\omega_1$ の同期角速度で回転するが、回転子自体が $\omega_2=(1-s)\omega_1$ で回転しているため、固定子に対して、

$$\omega_2+s\omega_1=(1-s)\omega_1+s\omega_1=\omega_1 \quad\cdots\cdots\cdots\cdots\cdots\cdots\cdots (1.36)$$

と、回転磁界と同じ同期角速度で回転することになる。

(f) 一次電流

三相誘導モータが無負荷（$I_2=0$）で同期角速度 ω_1 で動作しているときの一次電流 I_0 を励磁電流または無負荷励磁電流と呼ぶ。モータに負荷をかけ、回転子巻線に二次電流 I_2 が流れると、その起磁力 $\mathfrak{S}_2$ によって生じる回転磁束は同期角速度 ω_1 で回転するため、I_0 によって生じ ω_1 で回転する回転磁束 $\varPhi$ に影響を及ぼし減少させる。$\varPhi$ が減少すると一次誘導起電力 E_1 が減少し、E_1 と供給電圧 V_1 の釣り合いが破れるため、V_1 に見合う E_1 を誘導するように、すなわち無負荷時と同じ磁束 $\varPhi$ を保つように、一次電流 I_1 が流れる。以下、一次電流 I_1 を

$$I_1=I_0+I_1' \quad\cdots\cdots\cdots\cdots\cdots\cdots\cdots\cdots\cdots\cdots\cdots\cdots (1.37)$$

と、I_0 と $\mathfrak{S}_2$ を打ち消すための電流 I_1'（一次負荷電流と呼ぶ）とに分けて考える。

(g) 三相誘導モータのベクトル図

図 1.21 は、以上の関係を示すベクトル図である。一次巻線の 1 相の抵抗を r_1、漏れリアクタンスを x_1 とすると、一次供給電圧 V_1 は、逆起電力 $E_1'=-E_1$ に一次電流による r_1、x_1 の電圧降下を加えて求められる。また、二次巻線の 1 相の抵抗を r_2、漏れリアクタンスを x_2 としている。

ここで、鉄心の磁気飽和現象やヒステリシス現象の影響を考慮するため、励磁電流 I_0 を磁束 $\varPhi$ と同相の磁化電流成分 I_μ と $\pi/2$ だけ位相の進んだ鉄損電流成分 I_w に分けて表示している。

1.3.2 三相誘導モータの構造

三相誘導モータの固定子は、図 1.20 (a) に示したように、前述の三相 PM モータとほぼ同じ構造である。ただし、誘導機は、固定子側からギャップを介して回転子側に電気エネルギーを送るため、ギャップが大きくなると力率が悪くなる。そのため、直流機や同期機に比べてギャップ長が小さく、小容量機で 0.3〜0.4mm、大容量機でも 5mm 以下に設計される。

三相誘導モータは回転子構造により、かご形と巻線形に分類されるが、普通はかご形が使用され、ブラシとスリップリングを持つ巻線形は特別な用途に限定される。

かご形二次導体は、図 1.22 のように、裸銅棒を円筒状に配置し、その両端を銅の端絡環に溶接またはロウ付けして作られる。小形機では鉄

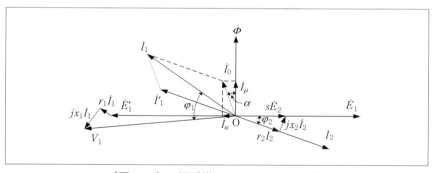

〔図 1.21〕三相誘導モータのベクトル図

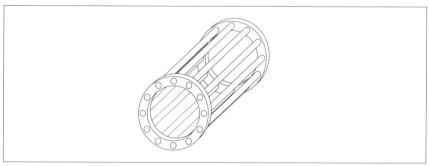

〔図 1.22〕かご形巻線

心に融解したアルミニウムを流し込んで、導体、端絡環を一度に鋳造するダイカスト法が広く用いられている。近年、三相誘導モータに対して国際規格 IEC 60034-30 のプレミアム効率（IE3）の適用等の、効率改善の要求が強まる中、銅ダイカスト法の開発も行われている。

巻線形回転子では、半閉スロットに三相巻線を施し、図1.23のように、巻線の端子をそれぞれスリップリングに接続し、ブラシを通じて外部の始動抵抗器やインバータ等に接続できるようになっている。

1.3.3 誘導モータの特性

(a) 簡易等価回路

三相誘導モータは、固定された一次巻線とギャップを介して回転する二次巻線を、等価的に互いに静止した回路に変換することにより、以下に示す等価回路で表すことができる[1-2]。

三相誘導モータの特性は、図1.24のような簡易等価回路を用いると、比較的簡単に計算できる。ただし、誘導モータの磁気回路はエアギャップが2箇所あるため、励磁電流 I_0 による一次側のインピーダンス電圧降下を無視することによる誤差を伴うことに注意を要する。

図において r_2' と x_2' は、二次巻線1相分の抵抗 r_2 と漏れリアクタンス x_2 を一次側から見たもので、一次側と二次側の巻数比 $a=k_{w1}N_1/k_{w2}N_2$ の二乗と相数比 $b=m_1/m_2$ をかけた次式で与えられる。

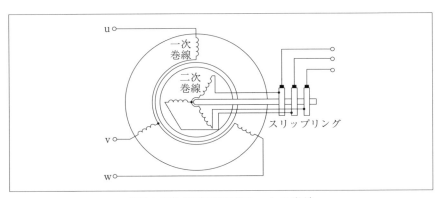

〔図1.23〕巻線形誘導モータの巻線

$$r_2' = a^2 b r_2, \quad x_2' = a^2 b x_2 \quad \cdots\cdots\cdots\cdots\cdots\cdots\cdots\cdots\cdots\cdots\cdots\cdots\cdots (1.38)$$

ここで、かご形回転子の場合、1スロット当たり導体は1本で、その誘導起電力は互いにスロットピッチに対応する位相差を持つため、それぞれが独立した相とみなせる。したがって、導体数を Z_2 とすると、$m_2 = 2Z_2/p$、1相の直列巻数は1相当たりの導体数 Z_2/m_2 を2で割って $N_2 = p/4$ となる。

二次巻線を等価的に静止した回路に変換したため、すべり s における二次抵抗 r_2' は二次等価抵抗 r_2'/s となる。この r_2'/s を、実際の抵抗 r_2' とその消費電力が機械的出力 P_0 を表す等価抵抗 $R' = (1-s)r_2'/s$ に分けて記載している。

励磁電流 I_0 の鉄損電流 I_w と磁化電流 I_μ の各成分は、励磁サセプタンス b_0 と励磁コンダクタンス g_0、励磁アドミタンス Y_0 を使って、次式で求められる。

$$\begin{aligned} I_w &= E_1' g_0 \\ I_\mu &= -j E_1' b_0 \\ I_0 &= I_w + I_\mu = E_1'(g_0 - jb_0) = E_1' Y_0 \end{aligned} \quad \cdots\cdots\cdots\cdots\cdots\cdots (1.39)$$

(b) 特性式

簡易等価回路を用いた特性を以下に示す。

一次負荷電流 I_1'：

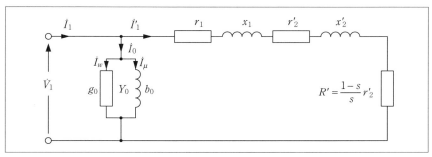

〔図1.24〕簡易等価回路

$$I_1' = \frac{V_1}{Z} \quad \cdots\cdots\cdots\cdots\cdots\cdots\cdots\cdots\cdots\cdots\cdots (1.40)$$

励磁電流 I_0 :

$$I_0 = V_1 \sqrt{g_0{}^2 + b_0{}^2} \quad \cdots\cdots\cdots\cdots\cdots\cdots\cdots\cdots (1.41)$$

一次電流 I_1 :

$$I_1 = V_1 \sqrt{\left(g_0 + \frac{r_1 + r_2'/s}{Z^2}\right)^2 + \left(b_0 + \frac{x_1 + x_2'}{Z^2}\right)^2} \quad \cdots\cdots (1.42)$$

力率 $\cos\varphi_1$:

$$\cos\varphi_1 = \frac{g_0 + \dfrac{r_1 + r_2'/s}{Z^2}}{\sqrt{\left(g_0 + \dfrac{r_1 + r_2'/s}{Z^2}\right)^2 + \left(b_0 + \dfrac{x_1 + x_2'}{Z^2}\right)^2}} \quad \cdots\cdots (1.43)$$

ここで、一次端子から見たインピーダンスの大きさ Z は、次式で求められる。

$$Z = \sqrt{(r_1 + r_2'/s)^2 + (x_1 + x_2')^2} \quad \cdots\cdots\cdots\cdots\cdots\cdots (1.44)$$

図1.25に、三相誘導モータのエネルギーの流れを示す。二次入力 P_2 は一次入力 P_1 から鉄損 P_i と一次銅損 P_{c1} を引いたもの、機械的出力 P_0 は二次入力 P_2 から二次銅損 P_{c2} を引いたもの、実際のモータの出力である軸出力 P_{shaft} は機械的出力 P_0 から機械損 P_m と漂遊負荷損 P_{st} を引いたものである。

一次入力 P_1 :

$$P_1 = 3V_1 I_1 \cos\varphi_1 = 3V_1{}^2 \left(g_0 + \frac{r_1 + r_2'/s}{Z^2}\right) \quad \cdots\cdots\cdots\cdots (1.45)$$

二次入力 P_2：

$$P_2 = 3\frac{r_2'}{s}I_1'^2 = 3V_1^2 \frac{r_2'/s}{Z^2} \quad \cdots\cdots\cdots\cdots\cdots\cdots\cdots\cdots (1.46)$$

機械的出力 P_0：

$$P_0 = 3R'I_1'^2 = 3V_1^2 \frac{1-s}{s}\frac{r_2'}{Z^2} = (1-s)P_2 \quad \cdots\cdots\cdots\cdots (1.47)$$

軸出力 P_{shaft}：

$$P_{shaft} = P_0 - P_m - P_{st} \quad \cdots\cdots\cdots\cdots\cdots\cdots\cdots\cdots (1.48)$$

効率 η は、軸出力 P_{shaft} を一次入力 P_1 で割った次式で定義される。

$$\eta = P_{shaft}/P_1 \quad \cdots\cdots\cdots\cdots\cdots\cdots\cdots\cdots\cdots\cdots (1.49)$$

モータが発生するトルク T は、機械的出力 P_0 を回転角速度 ω_2 で割った次式で求められる。

$$T = \frac{P_0}{\omega_2} = \frac{P}{4\pi f}3V_1^2\frac{r_2'/s}{Z^2} \quad \cdots\cdots\cdots\cdots\cdots\cdots (1.50)$$

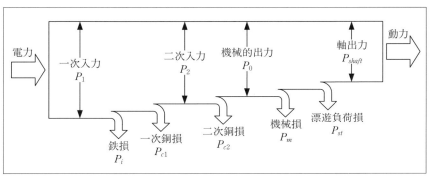

〔図1.25〕三相誘導モータのエネルギーの流れ

なお、三相誘導モータの損失は以下の式で求められる。鉄損のうち二次鉄損は二次周波数が低いため非常に小さい。また、漂遊負荷損 P_{st} は出力の 0.5% と規定される。

鉄損 P_i ;

$$P_i = 3V_1 I_w = 3V_1^2 g_0 \quad \cdots\cdots\cdots\cdots\cdots\cdots\cdots\cdots\cdots\cdots\cdots (1.51)$$

一次銅損 P_{c1} ;

$$P_{c1} = 3r_1 I_1'^2 = 3V_1^2 \frac{r_1}{Z^2} \quad \cdots\cdots\cdots\cdots\cdots\cdots\cdots\cdots\cdots (1.52)$$

二次銅損 P_{c2} ;

$$P_{c2} = 3r_2' I_1'^2 = 3V_1^2 \frac{r_2'}{Z^2} \quad \cdots\cdots\cdots\cdots\cdots\cdots\cdots\cdots (1.53)$$

(c) 特性

三相誘導モータの特性曲線として、一次電圧と周波数を一定に保ったときに、すべりに対してトルク、電流、力率、効率等がどのように変化するかを表す速度特性曲線が用いられる。

図 1.26 に上述の計算式を使って得られた三相誘導モータの速度特性曲線例を示す。

始動時 $s=1$ では、二次回路における二次周波数 f_2 が高く、二次電流 I_2 は二次抵抗 r_2 よりも二次漏れリアクタンス x_2 によって制限されるため、力率が悪く大きな電流が流れるがトルクは小さい。トルクは s が減少する（加速する）に従って増加し、$s=0.2$ 付近で最大となった後、同期速度 $s=0$ 時のトルク $T=0$ に向かって急激に減少する。

定格すべり s_n は、小形の誘導モータでは $s_n=0.03 \sim 0.1$、中、大形機では $s_n=0.01 \sim 0.05$ 程度である。

図 1.27 にすべりが $2 \geqq s \geqq -1$ のときの速度－トルク特性を示す。$1 \geqq s \geqq 0$ はモータとして使用される領域である。

$2 \geq s > 1$ は回転磁界が回転子と逆方向に回転している領域で、回転中に一次側へ供給する三相交流のうち任意の二相を入れ替えたときに生ずる。回転磁界に対して正トルクが出ているので、回転子に対して制動、すなわちブレーキがかかっている状態である。この制動方法を逆相制動（プラッギング）と呼ぶが、逆回転を防ぐためには停止寸前に電源から

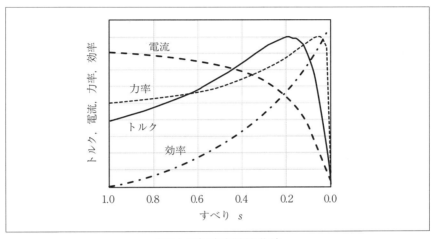

〔図 1.26〕速度特性曲線

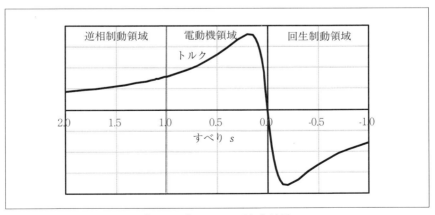

〔図 1.27〕トルク－速度特性

切り離す必要がある。

0>s≧−1 はインバータで周波数を急に減少させたときなどに生じ、回転磁界と回転子は同方向に回転しているが、回転磁界が回転子より遅い速度で回転し、回転子に対してブレーキがかかっている領域を示す。この場合、電源に電気エネルギーを返しながらブレーキがかかる、いわゆる回生制動状態であり、鉄道等で利用されている。

1.4　スイッチトリラクタンスモータの原理と特性
1.4.1　リラクタンスモータ

1.1.3項で述べたリラクタンストルクのみを用いるモータをリラクタンスモータと呼ぶ。リラクタンスモータは、シンクロナスリラクタンス（SynR）モータとスイッチトリラクタンス（SR）モータに大別される。

図1.28（a）にSynRモータの構造例を示す。通常の同期モータにおいて回転子が界磁巻線を持たず鉄のみで構成されている構造で、(1.25)式の第2項に相当するリラクタンストルク T_R のみでトルクを発生する。力率が悪い欠点があるが、回転子を図のようなアキシャルラミネート形またはフラックスバリア形にして x_d と x_q の比を増加させることによりトルク、力率、効率を増加させることができる。さらに、フラックスバリアに永久磁石を挿入して特性の向上を図ることができる[1-3]。シンク

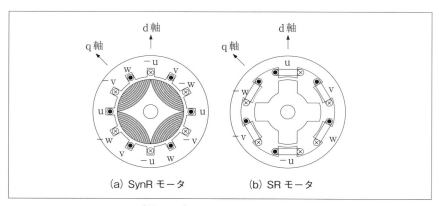

〔図1.28〕リラクタンスモータ

ロナスリラクタンスモータは、回転子に巻線や永久磁石を持たない簡単な構造で、工作機械等で用いられている。

同図 (b) に SR モータの構造例を示す。電機子巻線を相毎に集中巻して直列に接続し、直流電流で u 相、v 相、w 相と順に励磁して回転子の鉄心を吸引してトルクを得る。回転子位置の情報が必要であり、さらに振動や騒音が大きいという問題があるが、構造が簡単で安価、高速回転に耐え得る等の特長を持つため、洗濯機や掃除機、油圧ポンプ等への応用が始まっている。

1．4．2　SR モータの原理

図 1.28 (b) の SR モータは、Variable Reluctance (VR) 形 SR モータと呼ばれる。励磁された固定子極の中心に回転子凹部の中心が一致した状態を非対向状態と呼ぶ。このとき、磁気回路の磁気抵抗は最大となり、磁束は最も流れにくい。また、励磁された固定子極の中心が回転子凸部の中心に一致した状態を対向状態と呼ぶ。このとき、磁気抵抗は最小となり、磁束は最も流れやすい。このように、SR モータでは非対向状態、対向状態間の回転子位置の変位に応じて磁気抵抗が変化する。

図において、v 相巻線を励磁すると (1.14) 式に示したようにリラクタンストルクは次式で近似できる。

$$T = \frac{1}{2} I_v^2 \frac{\partial L_v}{\partial \theta} \quad \cdots\cdots\cdots\cdots\cdots\cdots\cdots\cdots\cdots\cdots\cdots\cdots\cdots\cdots\cdots (1.54)$$

式より、自己インダクタンス L_v の傾きが正となる区間で巻線を励磁するとトルクが得られることがわかる。続いて、w 相、u 相と順に巻線を励磁すると回転子が反時計方向に回転し続ける。

1．4．3　SR モータの特性

図 1.29 に、図 1.28 (b) に示した VR 形 SR モータにおいて v 相を励磁したときの磁束線分布を示す。図 1.29 (a) の回転子位置を $\theta = 0$ 度とすると、v 相を励磁する間に回転子が 30 度回転することがわかる。図 1.30 に θ に対する電流、磁束鎖交数、トルクの関係を示す。SR モータの巻線はインダクタンスが大きいため、$\theta = 0$ で十分な電流が得られるよ

うに、それ以前から電圧をかけて鎖交磁束を立ち上げる。そして$\theta=30$度以上で電流が流れて負のトルクが発生しないように、早めに電流を切る制御が必要になる。

1.4.4　セグメント構造SRモータ

図1.31に、筆者らが開発中のセグメント構造SRモータ[1-4]の構造と

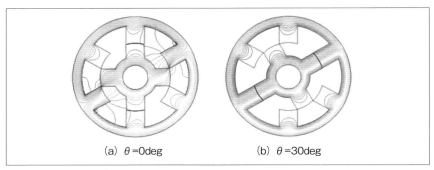

(a) $\theta=0$deg　　(b) $\theta=30$deg

〔図1.29〕磁束線図（v相励磁）

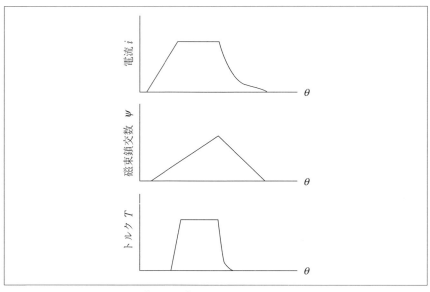

〔図1.30〕SRモータの特性

磁束線図を示す。固定子に全節巻巻線を施し、回転子はアルミニウムブロックにセグメント鉄心をはめ込んだ構造を持ち、図 1.32 (a) に示すように、同体積、同電流の条件において、VR 型 SR モータに比べて最大値で約 2 倍、平均で 40% トルクが増加する。また、図 1.29 (b) から推測できるように VR 型 SR モータでは、対向状態で固定子巻線が励磁されると固定子と回転子の磁極同士のラジアル力（吸引力）により固定子が半径方向に強く吸引されて変形し、この変形箇所が回転とともに移動するため大きな振動・騒音が発生する。これに対して、セグメント構造 SR モータでは、図 1.31 に示すように、ギャップ磁界は回転子鉄心に対して斜めに進入し、さらに、固定子 6 極のうち常に 4 極が励磁され吸引力が分散されるため、図 1.32 (b) に示すように 1 極当たりのラジアル力が大幅に減少し、振動・騒音が軽減される。

　図 1.31 の構造では回転子のアルミニウム部分にうず電流が発生するが、図 1.33 (a) のように、アルミニウムの表面高さを低くすることによりうず電流損を減らすことができる。また、4 相にすることにより、同図 (b) に示すように、3 相のときには非常に大きかったトルク脈動を軽減することができる。本モータは、全節巻を施すため、コイルエンドが長くなる欠点を持つが、多極化することにより銅損を軽減することができる。さらに、回転子鉄心に方向性電磁鋼板を用いることで効率の向上を図る検討も行っている [1-5] [1-6]。

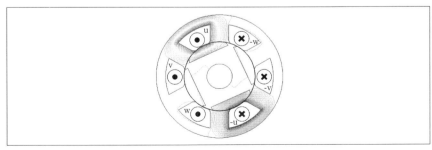

〔図 1.31〕セグメント構造 SR モータ

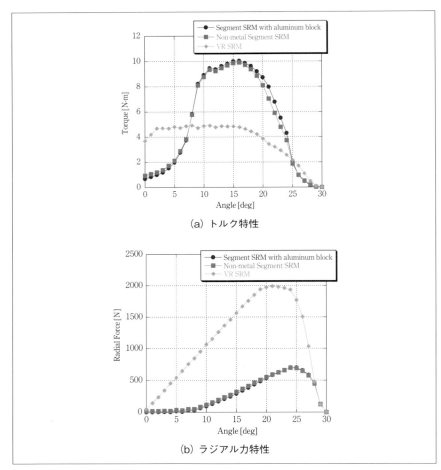

(a) トルク特性

(b) ラジアル力特性

〔図1.32〕セグメント構造SRモータの特性

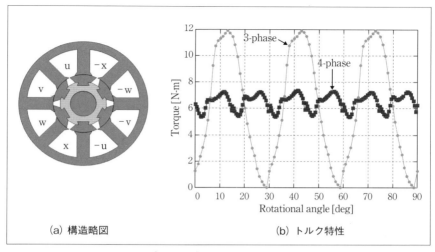

(a) 構造略図　　　(b) トルク特性

〔図 1.33〕4 相 SR モータ

参考文献

(1-1) T. Higuchi, Y. Yokoi, T. Abe, and T. Egawa, Fundamental Characteristics of a Novel Self-Starting Type Permanent Magnet Synchronous Motor, Proceedings of The 15th International Conference on Electrical Machines and Systems, No. LS4A-3 (2012.10)

(1-2) 小山純、樋口剛、エネルギー変換工学、朝倉書店 (2013)

(1-3) 森本茂雄、真田雅之、省エネモータの原理と設計法、科学情報出版株式会社 (2013)

(1-4) 樋口剛、阿部貴志、小山純、アルミブロックに鉄心を埋め込んだ新型セグメント構造スイッチトリラクタンスモータの振動・騒音特性、日本 AEM 学会誌、Vol.15、No.4 (2007.12)

(1-5) D. Yamaguchi, T. Higuchi, T. Abe, Y. Yokoi, A Characteristic Experiment of 4-phase Segment Type Switched Reluctance Motor, Proceedings of The 15th International Conference on Electrical Machines and Systems, No. LS5B-3 (2012.10)

(1-6) O. Kaneki, T. Higuchi, Y. Yokoi, T. Abe, Y. Miyamoto, M. Ohto,

Performance of Segment Type Switched Reluctance Motor using Grain-Oriented Electric Steel, Proceedings of The 15th International Conference on Electrical Machines and Systems, No. LS5B-4 (2012.10)

第2章

モータの制御法

モータを設計する際には、モータの原理や特性だけでなく、モータの制御法や負荷特性に関して理解する必要がある。本章では、モータドライブの概要、モデル化、制御手法について概説する。

2.1　モータドライブの概要
2.1.1　構成要素

モータドライブを構成する要素は、最もシンプルな構成では電源とモータとなるが、用途や使用条件に応じた制御を考慮すると、図2.1のように電源、制御回路、電力変換回路、モータ、負荷から構成される。

電源は交流もしくは直流電源が利用され、電圧や周波数は一定であり、移動体への応用においてはバッテリが利用される。したがって、電源から交流モータへ電力を供給するには、その電力形態（電圧・電流・周波数・位相・相数）を、パワー半導体デバイスを用いた電力変換回路（パワーエレクトロニクス）を利用して、用途や使用条件に適した電力の制御と変換が必要となる。特に、交流モータドライブにおいては、電力変換回路として電圧形PWMインバータが多く用いられ、V/f一定制御やベクトル制御等を利用して、制御回路からのスイッチング信号に応じて任意の電圧と周波数を出力する。また、高性能なモータ制御のためには、モータの端子電流、回転子位置、速度、もしくは負荷の速度、位置等の情報をフィードバックし、制御回路への目標値とする。制御回路では、外部との情報をやり取りするA/D、D/A変換装置を持つDSP等の演算装置にて、制御指令値が演算される。

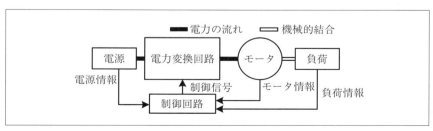

〔図2.1〕モータドライブの基本構成

2.1.2 負荷特性

モータドライブが利用される場面は多種多様であるが、モータが発生するトルクに対する、負荷が持つ速度－トルク特性で大別すると図2.2のようになる。これらの負荷トルク特性が、単独で利用されるか、速度領域によって組み合わされるかは状況によって使い分けられる。

(1) 定トルク負荷

定トルク特性は、主に垂直方向へ移動する応用で多く見られ、巻上機すなわちエレベータやクレーン等の負荷トルクは、速度に関わらず重力によりほぼ一定のトルクとなる。その他にエアコンのコンプレッサ、ベルトコンベア等もこれに分類される。

(2) 定出力負荷

水平移動する負荷の場合、始動時は大きなトルクが必要であるが、ある程度の加速が終了すると速度とトルクは反比例する。自動車や鉄道等の低速高トルク運転や高速低トルク運転がこれにあたる。出力が速度とトルクの積で表されるため、速度変化に対して出力が一定になることか

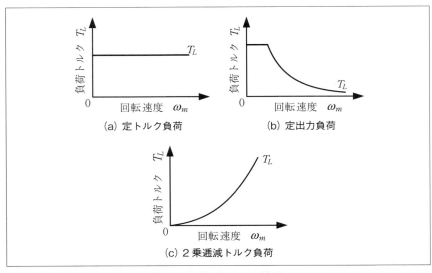

〔図2.2〕負荷トルク特性

ら定出力負荷と呼ばれる。また、グラインダ、巻き取り機等もこれに分類される。

(3) 2乗逓減トルク負荷

2乗逓減トルク特性は、ファンやポンプ等流体を移動させる応用で多く見られ、負荷トルクは速度の2乗に比例し、さらに出力は3乗に比例する。扇風機等もこれに分類される。

2.1.3　制御構成

モータドライブの制御目的は、基本的に位置、速度、トルクであり、先の負荷特性および用途に応じて、これらの構成を組み合わせることになる。図2.3に制御構成を示すが、モータの位置、速度を高速で制御するには、瞬時トルクを制御する必要がある。この瞬時トルクは巻線に鎖交する磁束と電流により生じるため、電流を制御することになる。そのため、応答周波数の速い電流制御ループが最も内側にあり、外側に行くほど応答周波数は遅く設計される。

(1) 位置制御系

同期モータや誘導モータを用いたサーボ機構等に代表される精密な位置制御では、モータ軸や制御負荷に取り付けられた位置センサからの信号をフィードバックすることで構成され、目標位置に近づくように速度指令が演算され、さらにトルク指令、電流指令が出力される。また、小型のステッピングモータ等では、出力するパルス電圧によって位置、もしくは速度制御が可能であるため、図2.3のようなフィードバックループを構成する必要はない。

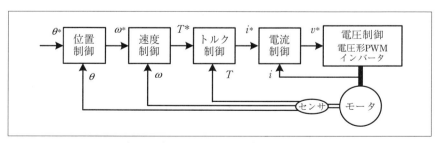

〔図2.3〕モータドライブの制御構成

(2) 速度制御系

制御原理の詳細は後述するが、位置センサからの位置情報を微分するか、速度センサからの速度情報をフィードバックし、速度制御系を構成する。ここで、詳細な瞬時トルク制御を必要とする場合は、トルク制御器により電流指令値が演算されるが、トルクが電流に線形なシステムであれば、速度制御器の出力は電流指令値となる。また、速度センサを利用せず、電流や電圧から演算した速度情報にて制御系を構成するセンサレス制御が、特殊雰囲気中等への応用に利用される。また、V/f一定制御では、電流や電圧のフィードバックも必要としない、完全な開ループでの制御が可能となる。

(3) トルク制御系

車や鉄道等の移動体に利用される制御系であり、モータドライブの基本的な部分である。トルク制御に用いられる実トルクは、トルク検出器を利用することは少なく、モータへの供給電流と磁束から演算され、その演算値によってフィードバック系が構成される。また、トルク指令も具体的な数値で与えることは稀で、速度制御系の出力を利用するか、移動体では運転士のペダル操作がトルク制御器の入力となる。

2.1.4 速度制御の概念

ここでは、前節で述べた速度制御の概要を考察する。一般にモータが発生するトルクT_Mと負荷トルクT_L、回転子の機械角速度ω_mには、粘性摩擦係数を無視し、モータ回転子を含んだ負荷の慣性モーメントをJ_Mとすると、次の関係がある。

$$T_M = J_M \frac{d\omega_m}{dt} + T_L \quad \cdots\cdots\cdots\cdots\cdots\cdots\cdots\cdots\cdots\cdots\cdots\cdots\cdots\cdots \quad (2.1)$$

この式において、モータが発生するトルクと負荷トルクのバランスが取れている($T_M=T_L$)と、$d\omega_m/dt=0$となり速度変化はなく、現在発生しているトルクバランスを保つような速度で一定回転を続ける。そこで、発生トルクを上昇させると、モータは加速し、逆に、発生トルクを減少させると、モータは減速する。このように、モータの速度を制御するた

めには、負荷トルクに対して発生トルクを増減することになる。

　モータの発生トルクは、巻線に鎖交する磁束と電流の積に比例する。ここで、磁束を一定に保つとすると、もしくは後述するベクトル制御のように磁束と電流を独立して制御可能とすると、発生トルクは電流に依存することになる。モータに供給する電流を変化させるには、電圧を制御することとなり、モータに接続した電力変換装置による電圧制御にて速度調整が可能となることが理解できる。

　モータに印加する電圧を変化して速度を可変にする際に、最大トルク T_{max} を得るためには、磁気飽和しない範囲で磁束を最大に保つ必要がある。また、電流の最大値 I_{max} は、電力変換装置に利用されているパワー半導体デバイスの定格により制限されるため、出力可能な最大トルクも制限されるが、その最大値は速度に関係なく一定である。その様子を図2.4に示す。

　しかし、逆起電力 E' は、磁束 Φ と角速度 ω_m の積に比例するため、

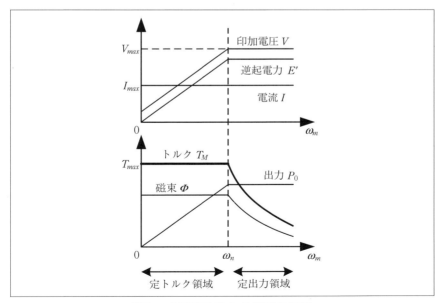

〔図2.4〕速度変化と各諸量の関係

速度の上昇とともに増加する。また、定常状態におけるモータに印加する電圧 V、逆起電力 E'、巻線抵抗 r_a には次の関係がある。

$$V = r_a I + E'$$

この式が成立する範囲内でモータは力行動作を維持することになる。しかし、速度の上昇とともに増加する逆起電力に対して、印加できる電圧の最大値 V_{max} は、利用する電力変換装置の電源によって制限を受ける。よって、十分な電流をモータに供給することができず、最大トルクを維持できる範囲内では、可変速範囲の限界となる。このときの速度を基底速度 ω_n、この領域を定トルク領域と呼ぶ。

この基底速度以上に速度を増加させるためには、逆起電力の上昇を抑える必要がある。そこで、図2.4のように、速度に対して磁束を反比例するように制御すれば、逆起電力は一定となり、印加する電圧も最大値に保たれる。ここで、トルクと速度の積で表される出力 P_0 は一定となるため、この領域を定出力領域と呼ぶ。

2.2 交流モータモデル
2.2.1 座標変換

制御対象であるモータをモデル化することは、ドライブシステム全体を設計する上で重要である。前章で説明した電圧方程式やトルク式は、定常状態の特性を知る上では適しているが、可変速ドライブとしては過渡特性を考慮した制御が必要となる。しかし、三相交流の過渡状態をそのまま取り扱うには、その複雑さが問題となる。そこで、三相交流モータの諸量を二相量に変換して、解析および制御に利用する。この際利用するのが、αβ座標系やdq座標系であり、本節では、三相モデルから各座標系への変換について説明する。

前章にて示したモータ軸に対して直角な平面で切った図面を図2.5(a)に示す。この図はもっともシンプルな固定子構造を示しており、6個のスロットを持ち、u相一相分の固定子電機子巻線は180度だけ隔てた1組のスロットに集中して巻かれており（全節集中巻）、さらに反時

計回りに $2\pi/3$ ずつ位相差を持たせて、v相とw相の巻線を配置している（対称三相巻線）。図中の「・」や「×」は巻線に流れる電流の向きを示しており、図に記載されている向きを各巻線の正方向とする。また、この向きに電流を流した際にできる磁束の方向を巻線軸とする。

三相交流モータはY結線の三相三線式を用いることが多く、同図(b)のように固定子に静止した三相静止座標にて表現できる。ここで、図中のコイルの上部にある「・」は、この方向から電流が流れ込むと軸方向に磁束ができることを示している。

(1) uvw座標／αβ座標変換

三相交流モータへ供給する三相電圧、電流の総和は理想的にはゼロであるため、三相電流の総和が常にゼロであるとすると零相分が省略され、図2.6のような直交2軸座標で表現されるαβ座標上の二相巻線に変換可能である。(2.2)式の変換式を利用すると、uvw座標／αβ座標変換が行われる。このαβ座標は、固定子に直交座標を固定した静止座標系と呼ばれ、u軸とα軸は一致しており、β軸は反時計方向（三相の相順方向）に $\pi/2$ の位相差を持っている。ただし、このαβ座標上での諸量は交流である。また、変換式の定数 $\sqrt{2/3}$ は、絶対変換を示しており、三相と二相の間で電力が一定とする変換方法である。ここで、式中の X

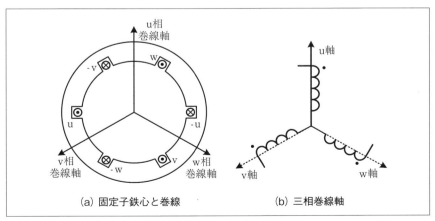

〔図2.5〕三相座標モデル

は電流、電圧、磁束鎖交数である。

$$\begin{bmatrix} X_\alpha \\ X_\beta \end{bmatrix} = \sqrt{\frac{2}{3}} \begin{bmatrix} 1 & -1/2 & -1/2 \\ 0 & \sqrt{3}/2 & -\sqrt{3}/2 \end{bmatrix} \begin{bmatrix} X_u \\ X_v \\ X_w \end{bmatrix} \quad \cdots\cdots\cdots (2.2)$$

また、この逆変換は次式となる。

$$\begin{bmatrix} X_u \\ X_v \\ X_w \end{bmatrix} = \sqrt{\frac{2}{3}} \begin{bmatrix} 1 & 0 \\ -\frac{1}{2} & \frac{\sqrt{3}}{2} \\ -\frac{1}{2} & -\frac{\sqrt{3}}{2} \end{bmatrix} \begin{bmatrix} X_\alpha \\ X_\beta \end{bmatrix} \quad \cdots\cdots\cdots (2.3)$$

(2) αβ座標／γδ座標変換

次に、固定子巻線に三相交流を供給すると、電源角周波数ω_1で回転する回転磁界が発生することは1章で述べたが、特に回転子には依存せず、固定子巻線に現れる回転磁界とともに回転するγδ座標へは、(2.4)式にて変換できる。図2.7に示すように、この座標は回転座標と呼ばれ、α軸（もしくはu軸）とγ軸との角度をθ_1とし、δ軸は回転方向にπ/2の位相差を持って回転している。したがって、このγδ座標上での諸量は直流量となり、モータの特性を演算する上で取り扱いが簡単になる。

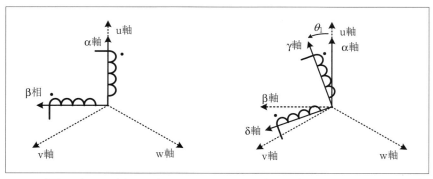

〔図2.6〕αβ座標モデル　　〔図2.7〕γδ座標モデル

また、この座標系は、誘導モータにおける制御座標や同期モータにおけるセンサレスベクトル制御等に利用される。

$$\begin{bmatrix} X_\gamma \\ X_\delta \end{bmatrix} = \begin{bmatrix} \cos\theta_1 & \sin\theta_1 \\ -\sin\theta_1 & \cos\theta_1 \end{bmatrix} \begin{bmatrix} X_\alpha \\ X_\beta \end{bmatrix} \quad \cdots\cdots\cdots\cdots\cdots\cdots\cdots\cdots\cdots\cdots (2.4)$$

また、この逆変換は次のようになる。

$$\begin{bmatrix} X_\alpha \\ X_\beta \end{bmatrix} = \begin{bmatrix} \cos\theta_1 & -\sin\theta_1 \\ \sin\theta_1 & \cos\theta_1 \end{bmatrix} \begin{bmatrix} X_\gamma \\ X_\delta \end{bmatrix} \quad \cdots\cdots\cdots\cdots\cdots\cdots\cdots\cdots\cdots\cdots (2.5)$$

(3) αβ座標／dq座標変換

次に回転子とともに電気角での回転角速度 ω で回転する回転座標である dq 座標への変換を考える。α軸（もしくはu軸）とd軸との角度を θ とし、q軸は回転方向に π/2 の位相差を持って回転している。したがって、変換式は (2.6) のようになり、この dq 座標上での諸量も直流量となる。この座標系は同期モータにおいて、回転子位置に同期したベクトル制御に利用される。

$$\begin{bmatrix} X_d \\ X_q \end{bmatrix} = \begin{bmatrix} \cos\theta & \sin\theta \\ -\sin\theta & \cos\theta \end{bmatrix} \begin{bmatrix} X_\alpha \\ X_\beta \end{bmatrix} \quad \cdots\cdots\cdots\cdots\cdots\cdots\cdots\cdots\cdots\cdots (2.6)$$

また、この逆変換は次のようになる。

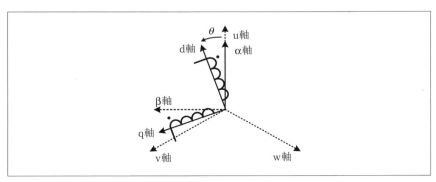

〔図 2.8〕dq 座標モデル

$$\begin{bmatrix} X_\alpha \\ X_\beta \end{bmatrix} = \begin{bmatrix} \cos\theta & -\sin\theta \\ \sin\theta & \cos\theta \end{bmatrix} \begin{bmatrix} X_d \\ X_q \end{bmatrix} \quad \cdots\cdots\cdots\cdots\cdots\cdots\cdots \quad (2.7)$$

　最後に、三相 uvw 座標から直接 dq 座標（もしくは γδ 座標）に変換する場合は（2.8）式となる。ここでも先の（2.2）式と同様に、変換式の定数 $\sqrt{2/3}$ は絶対変換を示している。

$$\begin{bmatrix} X_d \\ X_q \end{bmatrix} = \sqrt{\frac{2}{3}} \begin{bmatrix} \cos\theta & \cos(\theta - 2\pi/3) & \cos(\theta - 4\pi/3) \\ -\sin\theta & -\sin(\theta - 2\pi/3) & -\sin(\theta - 4\pi/3) \end{bmatrix} \begin{bmatrix} X_u \\ X_v \\ X_w \end{bmatrix} (2.8)$$

さらに、その逆変換は次式となる。

$$\begin{bmatrix} X_u \\ X_v \\ X_w \end{bmatrix} = \sqrt{\frac{2}{3}} \begin{bmatrix} \cos\theta & -\sin\theta \\ \cos(\theta - 2\pi/3) & -\sin(\theta - 2\pi/3) \\ \cos(\theta - 4\pi/3) & -\sin(\theta - 4\pi/3) \end{bmatrix} \begin{bmatrix} X_d \\ X_q \end{bmatrix} \quad \cdots\cdots \quad (2.9)$$

　ここで、三相モータモデルに、実効値が I_a である一定の位相 ϕ を持ち、回転子位置 θ に同期する次のような電流を供給したとすると、

$$\left. \begin{aligned} i_u &= \sqrt{2} I_a \cos(\theta + \phi) \\ i_v &= \sqrt{2} I_a \cos(\theta + \phi - 2\pi/3) \\ i_w &= \sqrt{2} I_a \cos(\theta + \phi - 4\pi/3) \end{aligned} \right\} \quad \cdots\cdots\cdots\cdots\cdots\cdots \quad (2.10)$$

先の変換式を利用して、dq 座標上の巻線電流 i_d、i_q を求めると、

$$\left. \begin{aligned} i_d &= \sqrt{3} I_a \cos\phi \\ i_q &= \sqrt{3} I_a \sin\phi \end{aligned} \right\} \quad \cdots\cdots\cdots\cdots\cdots\cdots\cdots\cdots \quad (2.11)$$

となり、回転子位置 θ に関与しない、直流量となることがわかる。

2.2.2　同期モータモデル

　図 2.9（a）にモータ軸に対して垂直な平面で切った表面磁石同期モータ（SPMSM）の三相モデル図を示す。また、同図（b）に三相静止座標上に表現した固定子巻線と永久磁石との関係図を示す。ここで、図に示す

ように、dq回転座標上のd軸は回転子永久磁石のN極に等しく定める。

図 (b) において、各相の電機子巻線に平衡三相交流 i_u, i_v, i_w を流した際に、各巻線に鎖交する磁束鎖交数 Ψ_u, Ψ_v, Ψ_w は、空間的に正弦波状に分布するとして (2.12) 式のように、巻線により発生する磁束と、永久磁石の磁束が各巻線に鎖交する最大磁束鎖交数 Ψ の位相を考慮した成分との和となる。ここで、各巻線の自己インダクタンス L_u, L_v, L_w は、(2.14) 式のように、回転子と固定子を磁路とする有効磁束に対するインダクタンス（有効インダクタンス）と自己の巻線にのみ鎖交する漏れ磁束に対するインダクタンス（漏れインダクタンス L_l）の和である。さらに、有効インダクタンスは、回転子の突極性により変化し、有効インダクタンスの平均値 L_a と振幅値 L_m により表される。また、各巻線間の相互インダクタンス M_{uv}, M_{vw}, M_{wu} も同様に、(2.15) 式のように有効インダクタンスの平均値 M_a ($=L_a/2$) と振幅値 L_m により表される。

また、(2.13) 式に示す各相の電機子巻線電圧 v_u, v_v, v_w は、電機子巻線抵抗 r_a による電圧降下と各巻線に鎖交する磁束数の時間微分である誘導起電力（逆起電力）との和となる。さらに、その誘導起電力は、巻線のインダクタンスによる磁束数と永久磁石の磁束が各巻線に鎖交する

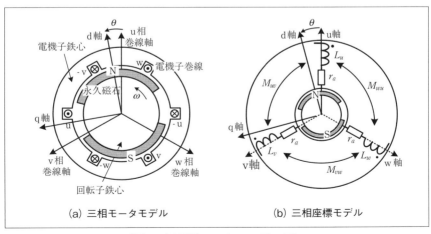

〔図 2.9〕同期モータの三相モデル

磁束数の時間微分の和となる。

$$\begin{bmatrix} \Psi_u \\ \Psi_v \\ \Psi_w \end{bmatrix} = \begin{bmatrix} L_u & M_{uv} & M_{uw} \\ M_{vu} & L_v & M_{vw} \\ M_{wu} & M_{wv} & L_w \end{bmatrix} \begin{bmatrix} i_u \\ i_v \\ i_w \end{bmatrix} + \begin{bmatrix} \Psi\cos\theta \\ \Psi\cos(\theta - 2\pi/3) \\ \Psi\cos(\theta - 4\pi/3) \end{bmatrix} \quad \cdots (2.12)$$

$$\begin{bmatrix} v_u \\ v_v \\ v_w \end{bmatrix} = r_a \begin{bmatrix} i_u \\ i_v \\ i_w \end{bmatrix} + \frac{d}{dt}\begin{bmatrix} \Psi_u \\ \Psi_v \\ \Psi_w \end{bmatrix}$$

$$= r_a \begin{bmatrix} i_u \\ i_v \\ i_w \end{bmatrix} + \frac{d}{dt}\begin{bmatrix} L_u & M_{uv} & M_{uw} \\ M_{vu} & L_v & M_{vw} \\ M_{wu} & M_{wv} & L_w \end{bmatrix} \begin{bmatrix} i_u \\ i_v \\ i_w \end{bmatrix} + \frac{d}{dt}\begin{bmatrix} \Psi\cos\theta \\ \Psi\cos(\theta - 2\pi/3) \\ \Psi\cos(\theta - 4\pi/3) \end{bmatrix}$$

$$\cdots (2.13)$$

ただし、

$$\left. \begin{array}{l} L_u = L_l + L_a + L_m \cos 2\theta \\ L_v = L_l + L_a + L_m \cos(2\theta - 4\pi/3) \\ L_w = L_l + L_a + L_m \cos(2\theta - 2\pi/3) \end{array} \right\} \cdots\cdots\cdots\cdots (2.14)$$

$$\left. \begin{array}{l} M_{uv} = M_{vu} = -M_a + L_m \cos(2\theta - 2\pi/3) \\ M_{vw} = M_{wv} = -M_a + L_m \cos 2\theta \\ M_{wu} = M_{uw} = -M_a + L_m \cos(2\theta - 4\pi/3) \end{array} \right\} \cdots\cdots\cdots (2.15)$$

$$\left. \begin{array}{l} L_a = (L_{ddm} + L_{qqm})/2 \\ L_m = (L_{ddm} - L_{qqm})/2 \\ M_a = L_a/2 \end{array} \right\} \cdots\cdots\cdots\cdots\cdots\cdots (2.16)$$

ここで、(2.16) 式の L_{ddm} は各相の有効インダクタンスの最大値、L_{qqm} は各相の有効インダクタンスの最小値であり、図 2.9 では、表面磁石同期モータを示しているため $L_{ddm}=L_{qqm}$ であり $L_m=0$ となる。この L_m は突極性を示すことになり、界磁巻線を持つ突極形同期モータの場合は $L_m>0$、埋込磁石同期モータでは $L_m<0$ となり逆突極性を示す。

次に αβ 座標上の電圧方程式を先の変換行列を用いて求めると以下の

ようになる。

$$\begin{bmatrix} v_\alpha \\ v_\beta \end{bmatrix} = \begin{bmatrix} r_a + D(L_0 + L_1 \cos 2\theta) & DL_1 \sin 2\theta \\ DL_1 \cos 2\theta & r_a + D(L_0 - L_1 \cos 2\theta) \end{bmatrix} \begin{bmatrix} i_\alpha \\ i_\beta \end{bmatrix}$$
$$+ \omega \Psi_f \begin{bmatrix} -\sin\theta \\ \cos\theta \end{bmatrix} \quad \cdots (2.17)$$

$$\left. \begin{array}{l} L_0 = L_l + (3/2)L_a \\ L_1 = (3/2)L_m \\ \Psi_f = \sqrt{(3/2)}\Psi \end{array} \right\} \quad \cdots\cdots\cdots\cdots\cdots\cdots (2.18)$$

ここで、v_α, v_β：各相巻線電圧、i_α, i_β：各相巻線電流、D：微分演算子、Ψ_f：2相巻線に鎖交する永久磁石による最大磁束鎖交数。

次にdq座標上の2相モータモデルを図2.10（a）に示す。また、同図（b）にdq回転座標上に表現したdq軸仮想巻線と永久磁石との関係図を示す。図（b）において、（2.19）式に示すように、d軸巻線に鎖交する磁束数 Ψ_d は、d軸インダクタンス L_d により発生する磁束数と永久磁石の磁束がd軸巻線に鎖交する磁束数 Ψ_f との和となる。また、q軸巻線に鎖交

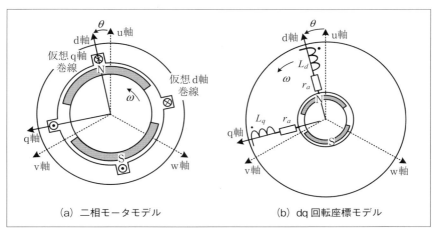

〔図 2.10〕同期モータの二相 dq 軸モデル

する磁束数 Ψ_q は、直交座標であるため、q 軸インダクタンス L_q により発生する磁束数のみとなる。このように先の三相モータモデルの際と比べて簡素化されていることがわかる。

$$\begin{bmatrix} \Psi_d \\ \Psi_q \end{bmatrix} = \begin{bmatrix} L_d & 0 \\ 0 & L_q \end{bmatrix} \begin{bmatrix} i_d \\ i_q \end{bmatrix} + \begin{bmatrix} \Psi_f \\ 0 \end{bmatrix} \quad \cdots\cdots\cdots\cdots\cdots\cdots (2.19)$$

dq 電圧 v_d, v_q は、先の αβ 座標上の電圧方程式より、αβ 座標／dq 座標変換を行い、(2.20) 式のようになる。三相モータモデルと同様に、dq 軸巻線抵抗による電圧降下、各巻線に鎖交する磁束鎖交数の時間微分である誘導起電力との和で示される。ただし、固定子巻線は静止しているが、この dq 座標は回転座標であるため、他軸からの磁束鎖交数と回転速度の積に比例する誘導起電力が発生する。また、永久磁石による誘導起電力は q 軸のみに作用する。

$$\begin{bmatrix} v_d \\ v_q \end{bmatrix} = \begin{bmatrix} r_a + DL_d & -\omega L_q \\ \omega L_d & r_a + DL_q \end{bmatrix} \begin{bmatrix} i_d \\ i_q \end{bmatrix} + \begin{bmatrix} 0 \\ \omega \Psi_f \end{bmatrix} \quad \cdots\cdots\cdots\cdots (2.20)$$

$$\left. \begin{array}{l} L_d = L_l + (3/2) L_{ddm} \\ L_q = L_l + (3/2) L_{qqm} \end{array} \right\} \quad \cdots\cdots\cdots\cdots\cdots\cdots\cdots (2.21)$$

三相モータモデルにおける瞬時入力電力は、

$$P_1 = v_u i_u + v_v i_v + v_w i_w \quad \cdots\cdots\cdots\cdots\cdots\cdots\cdots (2.22)$$

と表されるように、dq 軸巻線への瞬時入力電力も各相電圧と電流の積の和として表現でき、絶対変換であるため、その大きさは等しくなる。

$$P_1 = v_d i_d + v_q i_q \quad \cdots\cdots\cdots\cdots\cdots\cdots\cdots\cdots (2.23)$$

ここで、dq 座標上の電圧方程式を代入し、電流が時間の関数であることに注意して変換すると、次のようになる。

$$P_1 = \{(r_a + DL_d)i_d - \omega L_q i_q\}i_d + \{\omega L_d i_d + (r_a + DL_q)i_q + \omega \Psi_f\}i_q$$
$$= r_a(i_d^2 + i_q^2) + \{L_d(Di_d)i_d + L_q(Di_q)i_q\} + \omega\{(L_d - L_q)i_d i_q + \Psi_f i_q\}$$
$$\cdots (2.24)$$

ここで、右辺第1項は巻線の銅損、第2項は自己インダクタンスのエネルギー変化、第3項は機械的出力 P_0 である。よって、出力はトルクと回転数の積であるため、トルクは次のようになる。

$$T = P_0 / \omega = (L_d - L_q)i_d i_q + \Psi_f i_q \quad \cdots\cdots\cdots\cdots (2.25)$$

ここで、極数 p を考慮するとトルクは次式となる。

$$T_M = \frac{p}{2}\{(L_d - L_q)i_d i_q + \Psi_f i_q\} \quad \cdots\cdots\cdots\cdots (2.26)$$

さらに、各巻線に鎖交する磁束数にて表現すると次式となる。

$$T_M = \frac{p}{2}(\Psi_d i_q - \Psi_q i_d) \quad \cdots\cdots\cdots\cdots (2.27)$$

dq軸の電圧方程式から過渡状態を含む等価回路を、等価鉄損抵抗 r_c を付加して示すと図2.11のようになる。等価鉄損抵抗は、固定子に鎖交する L_d および L_q による磁束数と永久磁石による磁束数より発生する誘導起電力に対して、図のように並列に挿入される。

この図より、モータで発生する全損失 P_l は、漂遊負荷損を無視し、機械損を P_m とすると、

$$P_l = r_a(i_d^2 + i_q^2) + r_c(i_{dc}^2 + i_{qc}^2) + P_m \quad \cdots\cdots\cdots\cdots (2.28)$$

となり、モータの軸出力 P_{shaft} は、機械的出力と機械損から、

$$P_{shaft} = P_0 - P_m = \omega \frac{p}{2}\{(L_d - L_q)i_{do}i_{qo} + \Psi_f i_{qo}\} - P_m \quad \cdots\cdots (2.29)$$

となる。以上より、効率を求めると以下のようになる。

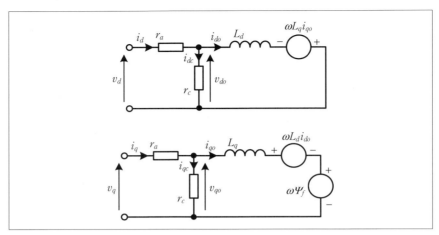

〔図2.11〕同期モータの二相dq軸等価回路

$$\eta = P_{shaft}/P_1 = P_{shaft}/(P_{shaft} + P_l) \quad \cdots\cdots\cdots\cdots\cdots\cdots (2.30)$$

ただし、等価鉄損抵抗は、供給する電源周波数や鎖交磁束に応じて変化させることで、渦電流損だけでなくヒステリシス損まで考慮可能となる。

2.2.3 誘導モータモデル

図2.12 (a) にモータ軸に対して垂直な平面で切ったかご型誘導モータの三相モデル図を示す。同図 (b) は、三相静止座標上に三相固定子巻線軸 u_1, v_1, w_1、および回転子かご型巻線を近似した三相回転子巻線軸 u_2, v_2, w_2 を用いて示している。ここで、かご型巻線を持つ回転子の相数は多相となるが、図 (b) のように3相モデルとしている。また、回転子は固定子巻線から見ると、回転角速度 ω_2 にて回転しており、θ_2 の位相差がある。

図 (b) において、固定子巻線と回転子巻線の電圧方程式は、固定子巻線電圧 v_{u1}, v_{v1}, v_{w1} と電流 i_{u1}, i_{v1}, i_{w1}、回転子巻線電圧 v_{u2}, v_{v2}, v_{w2} と電流 i_{u2}, i_{v2}, i_{w2}、また、それぞれの巻線に鎖交する磁束数 Ψ_{u1}, Ψ_{v1}, Ψ_{w1}, Ψ_{u2}, Ψ_{v2}, Ψ_{w2} を用いて次式のようになる。

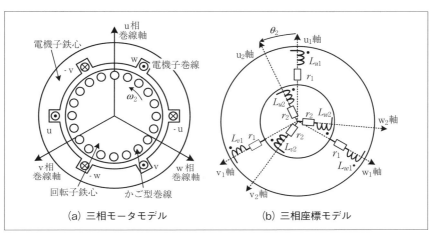

〔図2.12〕誘導モータの三相モデル

$$\begin{bmatrix} v_{u1} \\ v_{v1} \\ v_{w1} \\ v_{u2} \\ v_{v2} \\ v_{w2} \end{bmatrix} = \begin{bmatrix} r_1[1] & [0] \\ [0] & r_2[1] \end{bmatrix} \begin{bmatrix} i_{u1} \\ i_{v1} \\ i_{w1} \\ i_{u2} \\ i_{v2} \\ i_{w2} \end{bmatrix} + \frac{d}{dt} \begin{bmatrix} \Psi_{u1} \\ \Psi_{v1} \\ \Psi_{w1} \\ \Psi_{u2} \\ \Psi_{v2} \\ \Psi_{w2} \end{bmatrix} \quad \cdots\cdots\cdots\cdots (2.31)$$

また、それぞれの巻線は、空間的に正弦波状に分布する磁束鎖交数 $\Psi_{u1}, \Psi_{v1}, \Psi_{w1}$、$\Psi_{u2}, \Psi_{v2}, \Psi_{w2}$ を発生するように配置されており、

$$\begin{bmatrix} \Psi_{u1} \\ \Psi_{v1} \\ \Psi_{w1} \\ \Psi_{u2} \\ \Psi_{v2} \\ \Psi_{w2} \end{bmatrix} = \begin{bmatrix} L_{l1}[1] + L'_1[C_1]_{\theta_2=0} & M'[C_1]^T \\ M'[C_1] & L_{l2}[1] + L'_2[C_1]_{\theta_2=0} \end{bmatrix} \begin{bmatrix} i_{u1} \\ i_{v1} \\ i_{w1} \\ i_{u2} \\ i_{v2} \\ i_{w2} \end{bmatrix} \quad \cdots\cdots (2.32)$$

と表せる。ただし、

$$C_1 = \begin{bmatrix} \cos\theta_2 & \cos(\theta_2 - 2\pi/3) & \cos(\theta_2 - 4\pi/3) \\ \cos(\theta_2 - 4\pi/3) & \cos\theta_2 & \cos(\theta_2 - 2\pi/3) \\ \cos(\theta_2 - 2\pi/3) & \cos(\theta_2 - 4\pi/3) & \cos\theta_2 \end{bmatrix} \quad (2.33)$$

ここで、L_{l1}, L_{l2}：固定子、回転子巻線の漏れインダクタンス、L'_1, L'_2：固定子、回転子巻線の有効インダクタンス、M'：固定子巻線と回転子巻線間の相互インダクタンス、$[C_1]^\mathrm{T}$：行列$[C_1]$の転置行列。

次に固定子上の静止座標であるαβ座標に、先の変換行列を用いて固定子巻線と回転子巻線をそれぞれ変換し、αβ座標上での電圧方程式を求めると（2.34）式のようになる。ここでαβ座標は固定子上の静止座標であるため、電圧や電流の諸量は交流量であり、回転子の諸量は回転角速度ω_2を用いて表現される。

$$\begin{bmatrix} v_{\alpha 1} \\ v_{\beta 1} \\ 0 \\ 0 \end{bmatrix} = \begin{bmatrix} r_1 + DL_1 & 0 & DM & 0 \\ 0 & r_1 + DL_1 & 0 & DM \\ DM & \omega_2 M & r_2 + DL_2 & \omega_2 L_2 \\ -\omega_2 M & DM & -\omega_2 L_2 & r_2 + DL_2 \end{bmatrix} \begin{bmatrix} i_{\alpha 1} \\ i_{\beta 1} \\ i_{\alpha 2} \\ i_{\beta 2} \end{bmatrix} \cdots (2.34)$$

$$\left. \begin{array}{l} L_1 = L_{l1} + (3/2)L'_1 \\ L_2 = L_{l2} + (3/2)L'_2 \\ M = (3/2)M' \end{array} \right\} \quad \cdots\cdots\cdots\cdots\cdots\cdots\cdots\cdots\cdots (2.35)$$

ここで、$v_{\alpha 1}$, $v_{\beta 1}$：固定子巻線電圧、$i_{\alpha 1}$, $i_{\beta 1}$, $i_{\alpha 2}$, $i_{\beta 2}$：固定子、回転子巻線電流、L_1, L_2：固定子、回転子巻線の自己インダクタンス、M：固定子巻線と回転子巻線間の相互インダクタンス。

次に、極数pを考慮してトルクを求めると次式となる。

$$T_M = \frac{p}{2} M(i_{\beta 1} i_{\alpha 2} - i_{\alpha 1} i_{\beta 2}) \quad \cdots\cdots\cdots\cdots\cdots\cdots\cdots\cdots (2.36)$$

最後に、電源角周波数ω_1で回転する固定子回転磁界上のγδ座標での電圧方程式を示す。ここで、γδ座標上から回転子を見ると、すべり角周波数$\omega_s = \omega_1 - \omega_2$の差がある。したがって、回転子の諸量はすべり

角周波数ω_sを用いて示される。また、この軸上で各諸量は直流量となり、モータの特性を演算する上で取り扱いが容易になる。

$$\begin{bmatrix} v_{\gamma 1} \\ v_{\delta 1} \\ 0 \\ 0 \end{bmatrix} = \begin{bmatrix} r_1 + DL_1 & -\omega_1 L_1 & DM & -\omega_1 M \\ \omega_1 L_1 & r_1 + DL_1 & \omega_1 M & DM \\ DM & -\omega_s M & r_2 + DL_2 & -\omega_s L_2 \\ \omega_s M & DM & \omega_s L_2 & r_2 + DL_2 \end{bmatrix} \begin{bmatrix} i_{\gamma 1} \\ i_{\delta 1} \\ i_{\gamma 2} \\ i_{\delta 2} \end{bmatrix} \quad \cdots (2.37)$$

この γδ 座標上でトルクを求める。同期モータのときと同様に、誘導モータへの入力電力は次のようになる。

$$P_1 = v_{\gamma 1} i_{\gamma 1} + v_{\delta 1} i_{\delta 1} \quad \cdots\cdots\cdots\cdots\cdots\cdots\cdots (2.38)$$

ここで、上記電圧方程式を代入し計算すると、

$$\begin{aligned} P_1 &= \{(r_1 + DL_1) i_{\gamma 1} - \omega_1 L_1 i_{\delta 1} + DM i_{\gamma 2} - \omega_1 M i_{\delta 2}\} i_{\gamma 1} \\ &+ \{\omega_1 L_1 i_{\gamma 1} + (r_1 + DL_1) i_{\delta 1} + \omega_1 M i_{\gamma 2} + DM i_{\delta 2}\} i_{\delta 1} \\ &= r_1 (i_{\gamma 1}^2 + i_{\delta 1}^2) + L_1\{(Di_{\gamma 1}) i_{\gamma 1} + (Di_{\delta 1}) i_{\delta 1}\} \\ &+ M\{(Di_{\gamma 2}) i_{\gamma 1} + (Di_{\delta 2}) i_{\delta 1}\} + \omega_1 M (i_{\delta 1} i_{\gamma 2} - i_{\gamma 1} i_{\delta 2}) \end{aligned} \quad \cdots\cdots (2.39)$$

となる。右辺第1項は巻線の銅損、第2、3項は自己と相互インダクタンスのエネルギー変化、第4項は同期ワットであり、これを電源角速度ω_1で割るとトルクとなる。また、極数pを考慮し次式になる。

$$T_M = \frac{p}{2} M (i_{\delta 1} i_{\gamma 2} - i_{\gamma 1} i_{\delta 2}) \quad \cdots\cdots\cdots\cdots\cdots\cdots (2.40)$$

2.3 交流モータの制御方式
2.3.1 永久磁石型同期モータの制御

同期モータの回転子速度n_mは、電源周波数f[Hz]と極数pを利用して、以下のように示される。

$$n_m = 2f/p \quad \cdots\cdots\cdots\cdots\cdots\cdots\cdots\cdots\cdots (2.41)$$

この式のように、同期モータの速度は電源周波数によって一意的に決まり、負荷によって変化しない。したがって、原理上では、速度センサや位置センサを利用したフィードバック制御を用いることなく、開ループのままで速度制御が可能となる。この開ループでの制御法にV/f一定制御がある。それに対して、回転子の位置をフィードバックする閉ループ制御系を構成し、急峻な指令速度や負荷トルク変化に対応する制御法として、ベクトル制御がある。この制御法は、先のdq座標変換を用いて得られるd軸励磁電流成分とq軸トルク電流成分から構成される電流ベクトルの瞬時値を制御することで、瞬時トルク制御が可能となる。

(1) V/f一定制御

同期モータの無負荷誘導起電力を示すと、

$$E_0 = \sqrt{2}\pi f k_w N_{ph} \Phi \quad \cdots\cdots\cdots\cdots\cdots\cdots\cdots\cdots\cdots\cdots\cdots\cdots\cdots\cdots (2.42)$$

となり、電機子抵抗が無視できる領域では、誘導起電力E_0と供給電圧Vが等しくなり、電源周波数fとの比V/fを一定に保つと、磁気飽和しない範囲で磁束を最大に保った状態で、定トルク領域での速度制御が可能となる。この状態では負荷トルクの増加に対して自動的に電流が増加する。V/f一定制御を実現するには、モータに供給する電圧と周波数を自在に調整可能なPWMインバータを用いた電圧制御システムが用いられる。図2.13に一般的な制御システムを示す。図では、制御座標として$\gamma\delta$座標を選択し、指令角速度ω^*を入力として、V/f電圧パターンよ

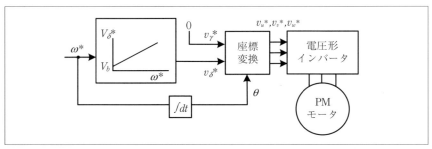

〔図2.13〕同期モータのV/f一定制御構成図

り指令角速度に応じた $\gamma\delta$ 座標上の δ 軸電圧指令 V_δ^* を得る。また V_γ^* にはゼロを代入することで磁束を一定に保ち、指令角速度を積分することで得られる角度指令により、uvw 座標へと変換し、電圧形 PWM インバータへの指令値としている。

本制御法にて用いている V/f 電圧パターンは、誘導起電力 E_0 との比 E_0/f で制御するならば、理想的には原点を通る直線となるが、指令周波数が低く、供給電圧 V に対して電機子抵抗による電圧降下が無視できなくなると磁束を一定に保つことができなくなるため、図 2.13 のようにブースト電圧 V_b を設けている。さらに、速度指令だけでなく負荷の急変や周期的変動があると、乱調が発生し、同期はずれを起こす可能性もあり、ダンパ巻線を施す必要がある。

(2) ベクトル制御

永久磁石モータのベクトル制御は、モータ電流や鎖交磁束をベクトルの瞬時値として制御することで、瞬時トルク制御を可能とし、速度指令や負荷の急変に瞬時に応答する制御法である。図 2.14 に制御システムの全体図を示す。

モータの回転子に取り付けられた位置センサからの機械角情報 θ_m をフィードバックし、電気角 θ に変換することで、uvw 座標／dq 座標変換に利用する。さらに機械角情報は微分器により、実角速度 ω_m に変換

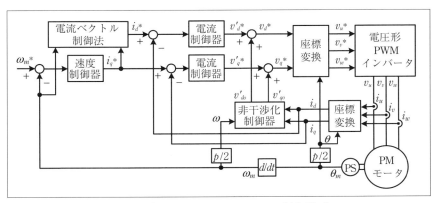

〔図 2.14〕同期モータのベクトル制御構成

されフィードバックされる。所望の指令角速度 ω_m^* は実角速度 ω_m と比較され PI 制御等の速度制御器により q 軸電流指令 i_q^* として出力される。一方で、後述する電流ベクトル制御手法に応じて d 軸電流指令 i_d^* が出力される。これら電流指令は三相実測電流 i_u, i_v, i_w から座標変換された dq 軸実電流 i_d, i_q と比較され PI 制御等の電流制御器により dq 軸電圧 $v'_d{}^*, v'_q{}^*$ が出力される。ここで dq 軸電流を安定かつ高速に制御するために、各軸に現れる誘導起電力による dq 軸間の干渉項の影響を除去するために非干渉化制御が施され、(2.43)式のように最終的な dq 軸電圧指令値 v_d^*, v_q^* が出力される。最後に座標変換により三相電圧指令値 v_u^*, v_v^*, v_w^* が出力され、インバータへの PWM スイッチング信号へと変換される。

$$\left.\begin{array}{l} v_d^* = v'_d{}^* + v'_{do} = v'_d + (-\omega L_q i_q) \\ v_q^* = v'_q{}^* + v'_{qo} = v'_q + \omega(L_d i_d + \Psi_f) \end{array}\right\} \quad (2.43)$$

(2-1) $i_d=0$ 制御

d 軸電流を常にゼロに保つ制御手法であり、永久磁石によるマグネットトルクのみを利用する非突極性の表面磁石同期モータにおいて、固定子巻線に鎖交する永久磁石の磁束数が d 軸磁束鎖交数 Ψ_d のみに、すなわち最大になるように制御され、最大トルクが得られる。ここで、$i_d=0$ としたときのトルク式は次のようになる。

$$\begin{aligned} T_M &= \frac{p}{2}(\Psi_d i_q - \Psi_q i_d) \\ &= \frac{p}{2}\Psi_d i_q \end{aligned} \quad (2.44)$$

したがって、速度制御器からの出力である q 軸電流指令 i_q^* のみで瞬時トルクの制御が可能となる。

(2-2) 最大トルク制御

突極性もしくは逆突極性を持つ永久磁石同期モータにおいて、次式のトルク式における、右辺第二項のマグネットトルクだけではなく、右辺第一項のリラクタンストルクを有効に利用する手法である。

$$T_M = \frac{p}{2}\{(L_d - L_q)i_d i_q + \Psi_f i_q\} \quad \cdots\cdots\cdots\cdots\cdots\cdots\cdots\cdots\cdots\cdots (2.45)$$

電流の上限値を考慮して、マグネットトルクとリラクタンストルクの和を最大にするためには、速度制御器の出力である i_q* を利用して、(2.46)式のように i_d* を調整し、電流位相を制御する。この手法では、図2.15に示すように定トルク領域において、最大トルクを拡大する特性向上が可能となる。また、必要なトルクを得るために電流を抑えることになり、銅損を最小にし、高効率運転が可能となる。

$$i_d* = \frac{\Psi_f}{2(L_q - L_d)} - \sqrt{\frac{\Psi_f^2}{4(L_q - L_d)^2} + i_q*^2} \quad \cdots\cdots\cdots\cdots\cdots (2.46)$$

(2-3) 弱め磁束制御

先に述べたとおり、モータの速度が上がると誘導起電力が上昇し、インバータ等の電源によって供給電圧が制限値 V_{max} までしか上がらず、基底速度以上の運転は困難となる。よって速度制御範囲の拡大には、誘導起電力を抑える、すなわち磁束を速度に反比例に制御する必要がある。これを永久磁石モータにて実現するには、磁束方向のd軸電流を利用して、d軸電機子反作用によるd軸鎖交磁束の減磁を行う。これを実現す

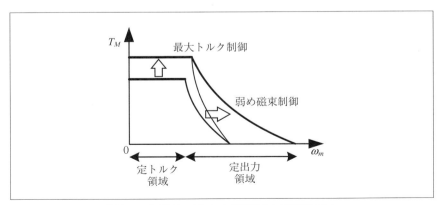

〔図2.15〕電流ベクトル制御により特性向上

るためのd軸電流 i_d* の式は次のようになる。

$$i_d* = \frac{-\Psi_f}{L_d} + \frac{1}{L_d}\sqrt{\left(\frac{V_{max}}{\omega}\right)^2 - (L_q i_q*)^2} \quad \cdots\cdots\cdots\cdots\cdots\cdots (2.47)$$

この手法を用いると図2.15に示すように、基底速度以上でのトルクの急激な減少が抑えられ、定出力領域が拡大される。

2.3.2 誘導モータの制御

誘導モータの回転子速度 n_2 は、一次電源周波数 f とすべり s を利用して、以下のように示される。

$$n_2 = 2(1-s)f/p \quad \cdots\cdots\cdots\cdots\cdots\cdots\cdots\cdots\cdots\cdots (2.48)$$

ここで、p は極数であり、モータ構造を変更することなく可変速制御を行う場合には、すべり s、あるいは一次電源周波数 f を変更する必要がある。すべりを変化させるためには、一次電源周波数は変化せずに、一次電圧を簡単な回路で調整する方法と巻線形誘導機の二次巻線に接続した抵抗の変化に対する比例推移の性質を利用する方法がある。しかし、高効率で広範囲の可変速制御を実現するには、インバータ等を用いて一次電源周波数 f を連続的に変化する、V/f 一定制御やベクトル制御がある。

(1) V/f 一定制御

図2.16に V/f 一定制御システム例を示す。誘導モータの一次電圧と一次電源周波数 f との比を一定に、すなわち、可変速制御を行う際の一次

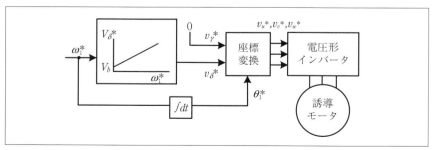

〔図2.16〕誘導モータの V/f 一定制御構成

電源周波数 f の変化に応じて一次電圧を制御する方法である。この比を一定にすると、一次抵抗による電圧降下を無視すれば一次鎖交磁束はほぼ一定となり、すべりを一定とすれば定トルク駆動が可能となる。ただし、一次電源周波数 f が低い領域や始動時において、モータ端子電圧が低い状態では、一次抵抗による電圧降下が無視できなくなり、一次鎖交磁束が低下し、その結果、トルク制御が不可能となる。そこで、一次誘導起電力 E_1 と一次電源周波数 f の比を一定に保つ方法もあるが、低周波数領域では、同期モータの図 2.13 と同様に、ブースト電圧を利用してトルク補償を実施する。

先の誘導モータの V/f 一定制御では、すべり s が負荷によって変化するため、精密な速度制御は不可能である。そこで、V/f 一定制御に速度検出器からの回転子速度をフィードバックすることで、加減速特性や安定性を向上させる、V/f 一定制御のすべり周波数制御方式がある。図 2.17 のように、指令速度と実回転速度の偏差を制御器とリミッタにより、すべりを出力する。そのすべりと実回転速度の和を一次電源角速度として、V/f 一定制御装置へ代入する。

(2) ベクトル制御

先に求めた誘導モータのトルク式を回転子二次磁束鎖交数 $\Psi_{\gamma 2}$、$\Psi_{\delta 2}$ を用いて記載すると次のようになる。

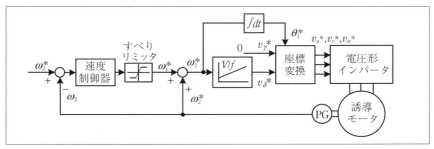

〔図 2.17〕誘導モータの V/f 一定すべり周波数制御構成

$$T_M = \frac{p}{2} M(i_{\delta 1} i_{\gamma 2} - i_{\gamma 1} i_{\delta 2})$$
$$= \frac{p}{2} \frac{M}{L_2} (i_{\delta 1} \Psi_{\gamma 2} - i_{\gamma 1} \Psi_{\delta 2}) \quad \cdots\cdots\cdots\cdots\cdots\cdots\cdots (2.49)$$

この式において、δ軸回転子二次磁束鎖交数 $\Psi_{\delta 2}$ がゼロになるように制御すると、トルクは

$$T_M = \frac{p}{2} \frac{M}{L_2} i_{\delta 1} \Psi_{\gamma 2} \quad \cdots\cdots\cdots\cdots\cdots\cdots\cdots\cdots\cdots\cdots (2.50)$$

となり、さらに速度指令や負荷の急変に対して、瞬時にγ軸回転子二次磁束鎖交数 $\Psi_{\gamma 2}$ を一定に制御することが可能ならば、瞬時トルクは電流 $i_{\delta 1}$ に比例し、高速トルク制御が可能となる。また、本方式では磁束鎖交数を一定に制御するため定トルク領域での制御となるが、γ軸回転子二次磁束鎖交数 $\Psi_{\gamma 2}$ を可変にすると定出力領域での弱め界磁運転が可能となる。

図 2.18 にすべり周波数形ベクトル制御の構成図を示す。図中のすべり周波数演算において、

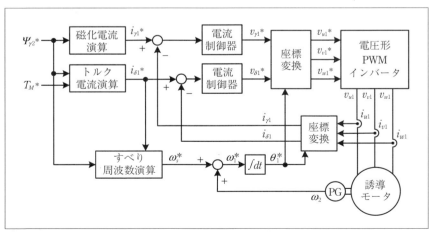

〔図 2.18〕誘導モータのすべり周波数形ベクトル制御構成

$$\omega_s^* = \frac{M r_2}{L_2 \Psi_{\gamma 2}^*} i_{\delta 1}^* \quad \cdots\cdots\cdots\cdots\cdots\cdots\cdots\cdots\cdots\cdots\cdots\cdots\cdots\cdots\cdots\cdots \quad (2.51)$$

と求めることで、δ軸回転子二次磁束鎖交数 $\Psi_{\delta 2}$ をゼロに制御可能となる。

また、磁化電流演算において、

$$i_{\gamma 1}^* = \frac{\Psi_{\gamma 2}^*}{M} + \frac{L_2}{M r_2}\frac{d}{dt}\Psi_{\gamma 2}^* \quad \cdots\cdots\cdots\cdots\cdots\cdots\cdots\cdots\cdots\cdots\cdots\cdots \quad (2.52)$$

を利用して求めることで、γ軸回転子二次磁束鎖交数 $\Psi_{\gamma 2}$ を一定に制御可能となる。また、この図ではトルク制御を例に示しているが、トルク指令に応じたトルク電流 $i_{\delta 1}^*$ は、トルク電流演算にて次のように演算される。

$$i_{\delta 1}^* = \frac{2 L_2 T_M^*}{p M \Psi_{\gamma 2}^*} \quad \cdots\cdots\cdots\cdots\cdots\cdots\cdots\cdots\cdots\cdots\cdots\cdots\cdots\cdots\cdots\cdots \quad (2.53)$$

このように、本方式はすべり周波数を制御するためにすべり周波数形ベクトル制御と呼ばれるが、γ軸回転子二次磁束鎖交数 $\Psi_{\gamma 2}$ が指令値に一致することを前提に、二次磁束鎖交数を検出することなく制御するため、間接形ベクトル制御とも呼ばれる。これに対して、二次磁束鎖交数を検出する方式を直接形ベクトル制御と呼ぶ。

参考文献
(2-1) 内藤治夫:「実用モータドライブ制御系設計とその実際」、(株)日本テクノセンター、2006年
(2-2) 松瀬貢規:「電動機制御工学－可変速ドライブの基礎－」、電気学会、2007年
(2-3) 片岡昭雄:「電動機の可変速駆動入門」、森北出版(株)、2004年
(2-4) 森本茂雄・真田雅之:「省エネモータの原理と設計法」、科学情報出版(株)、2013年

(2-5) 引原隆士・木村紀之・千葉明・大橋俊介：「パワーエレクトロニクス」、朝倉書店、2000年
(2-6) （株）日立製作所総合教育センタ技術研修所：「小型モータの技術」、オーム社、2002年
(2-7) パワーエレクトロニクスハンドブック編集委員会：「パワーエレクトロニクスハンドブック」、オーム社、2010年
(2-8) 電気学会：「電気工学ハンドブック第7版」、オーム社、2013年
(2-9) 森本雅之：「入門インバータ工学」、森北出版（株）、2011年
(2-10) 廣田幸嗣・足立修一・出口欣高・小笠原悟司：「電気自動車の制御システム」、東京電機大学出版、2009年
(2-11) 多田隈進・石川芳博・常広譲：「電気機器学基礎論」、電気学会、2004年
(2-12) 電気学会電気自動車駆動システム調査専門委員会：「電気自動車の最新技術」、オーム社、1999年

第3章

モータ設計の概要

近年、有限要素法等の数値解析汎用ソフトの普及で、モータモデルを作成すると簡単に特性が計算でき、設計も比較的楽に行えるようになった。しかしながら、その設計作業は最初に作成したモータモデルから出発するため、新しいモータを開発するときなどは、よい初期モデルを作成することが重要である。本章では、その基本となるモータの主要寸法の決定方法および最適設計の考え方を概説する。

3.1　交流モータの設計概論

　回転機におけるエネルギーの授受はギャップを介して行われる。したがって、図3.1における電機子の直径 D と長さ（モータ長）l を決定することが基本となる。

3.1.1　交流モータの出力方程式と装荷

　交流モータの設計パラメータを下記のように表す。

　　相数：m、極数：p、電機子全導体数：Z、1相の直列巻数：N_{ph}、

　　1極当たりの磁束数：$\varPhi$、周波数：f、巻線係数：k_w、同期速度：n_s

　交流機の出力 P_0[kW] は、Q を容量 [kVA]、力率を $\cos\varphi$、効率を η、電機子電流を I とすると、次式で表される。

$$P_0 = Q \times \cos\varphi \times \eta \quad \cdots\cdots\cdots\cdots\cdots\cdots\cdots\cdots\cdots\cdots\cdots \quad (3.1)$$

$$Q = mEI \times 10^{-3} \quad \cdots\cdots\cdots\cdots\cdots\cdots\cdots\cdots\cdots\cdots\cdots \quad (3.2)$$

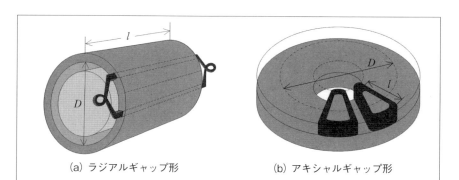

(a) ラジアルギャップ形　　　(b) アキシャルギャップ形

〔図3.1〕交流モータ概略図

ここで、E は誘導起電力の実効値で (1.17) 式より、

$$E = \sqrt{2}\pi f k_w N_{ph} \Phi \quad \cdots\cdots\cdots\cdots\cdots\cdots\cdots\cdots\cdots\cdots \quad (3.3)$$

となるため、(3.2) 式は次のようになる。

$$Q = m\left(\sqrt{2}\pi f k_w N_{ph} \Phi\right) I \times 10^{-3} \quad \cdots\cdots\cdots\cdots\cdots\cdots \quad (3.4)$$

同式に、$f = \dfrac{pn_s}{2}$、$Z = 2mN_{ph}$ の関係を代入すると、

$$\begin{aligned}Q &= \frac{Z}{2N_{ph}}\left(\sqrt{2}\pi \frac{pn_s}{2} k_w N_{ph} \Phi\right) I \times 10^{-3} \\ &= \frac{\pi k_w}{2\sqrt{2}} p \Phi I Z\, n_s \times 10^{-3}\end{aligned} \quad \cdots\cdots \quad (3.5)$$

ここで、磁束 Φ は磁気装荷、1極当たりのアンペアコンダクタ $A_C(=IZ/p)$ は電気装荷と呼ばれ、(3.5) 式より、モータの容量は磁気装荷と電気装荷の積に比例することがわかる。

図 3.1 のように電機子直径が D、モータ長が l のとき、磁束 Φ とギャップ磁束密度の平均値 B_g (比磁気装荷) との間には以下の関係がある。

$$B_g = \frac{p\Phi}{\pi D l} \quad \cdots\cdots\cdots\cdots\cdots\cdots\cdots\cdots\cdots\cdots\cdots\cdots \quad (3.6)$$

また、比電気装荷 ac[A/m] を次式のように定義する。

$$ac = \frac{pA_C}{\pi D} = \frac{IZ}{\pi D} \quad \cdots\cdots\cdots\cdots\cdots\cdots\cdots\cdots\cdots \quad (3.7)$$

(3.6) 式、(3.7) 式を (3.5) 式に代入すると、次のような出力方程式が得られる。

$$Q = \frac{\pi}{2\sqrt{2}}\left(\pi^2 k_w ac B_g \times 10^{-3}\right) D^2 l n_s = K D^2 l n_s \quad \cdots\cdots\cdots \quad (3.8)$$

ここで、K を出力係数と呼び、次式で表すことができるが、これは単

位体積当たりのトルクにほぼ比例する。

$$K = \frac{\pi}{2\sqrt{2}} \pi^2 k_w ac B_g \times 10^{-3} = 1.11 \pi^2 k_w ac B_g \times 10^{-3} \quad \cdots\cdots\cdots \quad (3.9)$$

3.1.2 設計概説

　一般にモータの体積は、(3.8)式より、K と n_s の積に反比例するため、高速にするとモータを小型化できることがわかる。また、出力係数 K を大きくすると小型化できるが、(3.9)式より K は k_w、ac、B_g の積に比例する。

　したがって、モータを小型化するには、比磁気装荷 B_g は大きいほどよいが、鉄心歯部の磁束密度 B_t の磁気飽和や鉄損の増加に注意を要する。一般に、B_g 選定の目安は $2.5<B_t/B_g<3.5$、$B_g<1.5T$ 程度と言われている。特に、誘導モータでは、B_g は励磁電流にも影響する。

　比電気装荷 ac も、大きいほどよいが銅損や温度上昇により制限され、電圧、絶縁クラス、冷却法等にも関係する。電流密度一定の条件では、スロット深さ d_s を大きくすると ac を大きくできるが、あまり深くするとモータ外径の増大を招いたり、温度上昇、スロット漏れ磁束増加の点から制限される。ac は、スロット幅 w_s を広げても大きくできる。この場合、スロット漏れ磁束は減少するが、歯幅 z_t が狭くなり、B_t/B_g 比が増加するため、B_g を抑える必要がある。このように、電機子直径一定の条件では、B_g と ac は一方を大きくすると他方が減少することになり、$B_g \times ac$ は w_s と z_t がほぼ等しいときに最大となる。

　B_g を大きくする場合、歯幅を広くしスロットを小さくした設計となり鉄機械と呼ばれる。ac を大きくする場合、歯幅を狭くしスロットを大きくして巻線断面積を大きくする設計となり銅機械と呼ばれる。選定は、使用条件、冷却法、電圧等にも影響されるが、価格的には銅機械のほうが有利である。

　誘導モータでは、効率だけでなく力率も重要な特性であり、力率×効率を最大にすることが必要である。特に、リニア誘導モータのようにギャップの大きなモータの設計では、ギャップ長 g に対するポールピッチ

τの比がギャップ漏れ磁束軽減の目安となる。ポールピッチτを大きく、したがって極数pを小さめにすると、力率がよくなり、逆にτを小さく、したがってpを大きめにするとコイルエンドが小さくなり効率が向上する傾向がある。

3.2 主要寸法の決定

交流機の設計の流れを以下に示す。
①仕様で出力 P_0、同期速度 n_s が与えられ、効率 η、力率 $\cos\varphi$ が仮定されると Q が求められ、電機子体積 D^2l が決まる。
② D^2l が決まると D と l を適切に振り分ける。
D と l の振り分け方として装荷分配法や D^2l 法等がある。

3.2.1 装荷分配法

モータの仕様(容量 Q、回転数 n_s)が与えられ、極数 p を決めると、(3.5)式より、磁気装荷 Φ と電気装荷 A_C の積は以下のように表される。

$$(\Phi A_C) = \frac{Q}{1.11 k_w p^2 n_s} = \frac{Q}{k_0 f} \quad \cdots\cdots (3.10)$$

ここで、$k_0 = 2.22 k_w p$ である。

(3.10) 式より、容量が等しいモータは図3.2に示すように、多くの Φ と A_C の組み合わせが存在することがわかる。Φ を大きくし A_C を小さくしたモータは前述の鉄機械であり、Φ を小さくし A_C を大きくしたモータは銅機械である。

装荷分配法は、微増加配分法に基づいて統計的に、磁気装荷 Φ と電気装荷 A_C を決定する方法である[3-1]。以下のように、毎極の容量 $S(=Q/p)$ [kVA] を f ($=f\times 10^{-2}$) で割った値を比容量 S/f と置き、Φ と A_C が S/f の関数として表される。

$$\frac{S}{f} = k_0 \Phi A_C \quad \cdots\cdots (3.11)$$

$$\Phi = \Phi_0 \left(\frac{S}{f}\right)^{\gamma/(1+\gamma)} \quad \cdots\cdots\cdots\cdots\cdots\cdots\cdots\cdots\cdots\cdots\cdots\cdots \quad (3.12)$$

$$A_C = A_0 \left(\frac{S}{f}\right)^{1/(1+\gamma)} \quad \cdots\cdots\cdots\cdots\cdots\cdots\cdots\cdots\cdots\cdots\cdots\cdots \quad (3.13)$$

そして、モータの種類に応じて、よく設計された機器の A_C、Φ と S/f の関係が統計的に調べられ、基準磁気装荷 Φ_0、基準電気装荷 A_0 および装荷の分配定数 γ が求められている。文献3-1では、同期機および誘導機の γ はそれぞれ 1.5、1.3 で、Φ_0 はともに $(0.25 \sim 0.35) \times 10^{-2}$ が与えられている。

A_C、Φ の値が決まると、

$$l = \frac{p\Phi}{\pi D B_g} \quad \cdots\cdots\cdots\cdots\cdots\cdots\cdots\cdots\cdots\cdots\cdots\cdots \quad (3.14)$$

$$D = \frac{pA_C}{\pi ac} \quad \cdots\cdots\cdots\cdots\cdots\cdots\cdots\cdots\cdots\cdots\cdots\cdots \quad (3.15)$$

の関係より、両式の B_g、ac に適当な値を与えることより、D と l が決まる。B_g、ac は出力や電圧により異なるが、一般に $B_g = 0.35 \sim 0.6\mathrm{T}$、

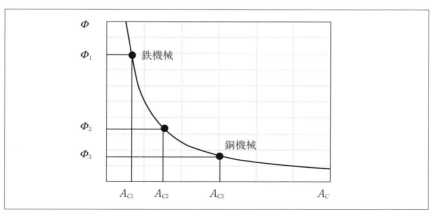

〔図3.2〕電気装荷と磁気装荷

$ac=100〜550\text{A/cm}$ 程度である。

3.2.2 D^2l 法

 以上のように、装荷分配法では、まず Φ と A_c が振り分けられるが、(3.14)、(3.15) 式で B_g と ac に適当な値を与えないと D と l は決まらない。

 D^2l 法では、機器の性質は B_g と ac の影響が大きいという観点から、まず、(3.9) 式に示した出力係数 K がモータの種類や出力に応じて統計的に求められ、(3.8) 式より D^2l の値が決定される。次に、機器の種類に応じたポールピッチ τ に対するモータ長 l の比が与えられて、D と l が分離される。その比を c と置くと、

$$c = \frac{l}{\tau} = \frac{lp}{\pi D} \quad \cdots\cdots\cdots (3.16)$$

D^2l が与えられたときの D と l の分離は、

$$D^2l = \frac{D^2\pi Dc}{p} = \frac{\pi c D^3}{p} \quad \cdots\cdots\cdots (3.17)$$

の関係より、

$$D = \sqrt[3]{\frac{p}{\pi c}(D^2l)}, \quad l = \frac{\pi Dc}{p} \quad \cdots\cdots\cdots (3.18)$$

で求められる。

 一般に、同期機では $c=0.75〜3.0$、誘導機では $0.5〜2.0$ である。誘導機の場合、c を大きくすると低価格、高効率、小さくすると高力率になり 1.0 がバランスの取れた設計になると言われている。1.0 以下は、主に小容量で極数の小さい場合になる。

 D、l、τ 等の主要寸法が決定されると、電機子（一次側）の設計が行われる。巻線設計では、(3.3) 式に示すように、誘導起電力 E は 1 相の直列巻数 N_{ph} と磁気装荷 Φ の積で与えられるため、N_{ph} は仕様で与えられる電圧 V と Φ から決定される。さらに、4.2.1 節を参考に毎極毎相のスロット数 q を決めると、1 スロットの巻数 N や全スロット数 Z が決ま

る。スロットに収める導体の形状は、定格電流 I_n をモータの種類や容量に応じて選定した電流密度で除すことによりその断面積が決定され、絶縁を考慮してスロットの幅 w_s や深さ d_s の寸法との兼ね合いから導体寸法が決定される。歯幅や継鉄高さはそれぞれの磁束密度を考慮して決定される。

続いて、回転子の設計に移るが、PM モータおよび誘導モータの設計の概要については、第 6 章、第 7 章を参照されたい。

3．3　最適設計

モータの設計は、制約のある非線形最適化問題として定式化できる。近年、有限要素法等の数値解析法と最適設計手法を組み合わせた最適設計ソフトが市販されているが、ここでは、SPMSM の設計を例にその基本的な考え方を示す。

3．3．1　SPMSM 最適設計の定式化

モータの設計は、$\bm{x}=(x_1, x_2, \cdots, x_n)^{\mathrm{T}}$ を独立変数、$\bm{g}(\bm{x})=(g_1(\bm{x}), g_2(\bm{x}), \cdots, g_m(\bm{x}))^{\mathrm{T}}$ を制約関数、$\bm{f}(\bm{x})=(f_1(\bm{x}), f_2(\bm{x}), \cdots, f_l(\bm{x}))^{\mathrm{T}}$ を目的関数とすると、次のような非線形最適化問題として定式化できる。

$$\begin{aligned}&g_i(\bm{x}) \geq 0 \quad (i=1, 2, \cdots, m) \text{ の条件下で}\\&\bm{f}(\bm{x}) \text{ を最小または最大にする } \bm{x} \text{ を求める}\end{aligned} \quad \cdots\cdots\cdots\cdots (3.19)$$

(a) 独立変数

独立変数 $\bm{x}$ としては、他の設計パラメータで書き表せない独立したパラメータの内、収束性の向上や計算時間の短縮を図るために、必要最小限のパラメータを選定する。特性等に大きな影響を及ぼさない独立したパラメータは固定パラメータとし、適値を与える。

図 3.3 に SPMSM の構造略図を示す。文献 3-2 に示した SPMSM の設計では、たとえば、鉄心積み厚 l、極数 p、毎極毎相のスロット数 q、短節率 β、スロット幅／スロットピッチ k_t、回転子継鉄高さ d_{ry}、磁石幅 w_m、磁石高さ d_m を独立変数に選んでいる。ただし、p、q、β については、極数 $p=4, 6, 8, 10$ のそれぞれに対して毎極毎相のスロット数と短節率の組

み合わせを、$q=1$ に対して $\beta=1/3, 2/3, 3/3$、$q=2$ に対して $\beta=2/6, \cdots, 6/6$ のように選び、それぞれの場合に対して最適設計した後に最適解を比較し決定している。

固定パラメータとして、相数 m、並列回路数 a、1コイルの巻数 N、電機子巻線電流密度 Δ_1、固定子継鉄部磁束密度の最大値 B_{sym}、エアダクト数 n_d、エアダクト幅 w_d、軸直径 D_{shaft} を選んでいる。ギャップ長（メカニカルクリアランス）g は、特性的には最適値があると思われるが、永久磁石のバインド方法等からも制約されるため、ここでは固定パラメータとしている。

(b) 目的関数

$f(x)$ は目的関数で、用途に応じて最適化すべきものを目的関数として設定し x や固定パラメータの関数として定式化する。たとえば、モータ重量 $f_1(x)$、材料費 $f_2(x)$、効率 $f_3(x)$、サーボ性能を表す基準としてのパワーレート $f_4(x)$ を選んだ場合、以下のように表される。

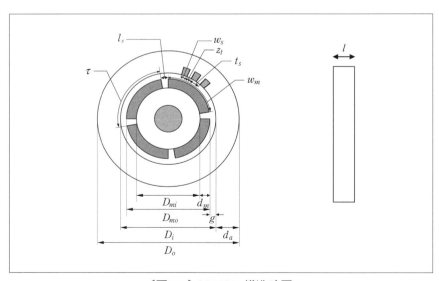

〔図 3.3〕SPMSM 構造略図

$$f_1(\boldsymbol{x}) = \gamma_{Cu1}V_{Cu1} + \gamma_{Fe1}V_{Fe1} + \gamma_{PM2}V_{PM2} + \gamma_{Fe2}V_{Fe2}$$

$$f_2(\boldsymbol{x}) = C_{Cu1}\gamma_{Cu1}V_{Cu1} + C_{Fe1}\gamma_{Fe1}V_{Fe1} + C_{PM2}\gamma_{PM2}V_{PM2} + C_{Fe2}\gamma_{Fe2}V_{Fe2}$$

$$f_3(\boldsymbol{x}) = \eta$$

$$f_4(\boldsymbol{x}) = T^2 10^{-3}/J_M \qquad \cdots (3.20)$$

ここで、$\gamma_{Cu1}, \gamma_{Fe1}, \gamma_{PM2}, \gamma_{Fe2}$ は電機子巻線、固定子鉄心、永久磁石、回転子鉄心の密度、$C_{Cu1}, C_{Fe1}, C_{PM2}, C_{Fe2}$ はその kg 当たりの価格、$V_{Cu1}, V_{Fe1}, V_{PM2}, V_{Fe2}$ はその体積、また T は定格トルク、J_M は回転子の慣性モーメントで、D_{mo} を磁石外径、D_{mi} を磁石内径とすると次式で表される。

$$J_M = \frac{1}{8}\left\{\gamma_{PM2}V_{PM2}(D_{mo}^{\ 2} + D_{mi}^{\ 2}) + \gamma_{Fe2}V_{Fe2}(D_{mi}^{\ 2} + D_{shaft}^{\ 2})\right\}$$
$$\cdots (3.21)$$

(c) 制約関数

$\boldsymbol{g}_i(\boldsymbol{x})$ は制約関数である。ここでは、力率 $\cos\varphi$、効率 η、固定子鉄心歯部磁束密度の最大値 B_{tm}、回転子継鉄部磁束密度の最大値 B_{rym}、温度上昇 Θ、固定子外径 D_o、鉄心積み厚 l、歯幅 z_t を定めている。$G_1 \sim G_9$ をそれぞれの制約値とすると、

$$\boldsymbol{g}_1(\boldsymbol{x}) = \cos\varphi - G_1 \geq 0, \quad \boldsymbol{g}_2(\boldsymbol{x}) = \eta - G_2 \geq 0, \quad \boldsymbol{g}_3(\boldsymbol{x}) = G_3 - B_{tm} \geq 0,$$
$$\boldsymbol{g}_4(\boldsymbol{x}) = G_4 - B_{rym} \geq 0, \quad \boldsymbol{g}_5(\boldsymbol{x}) = G_5 - \Theta \geq 0, \quad \boldsymbol{g}_6(\boldsymbol{x}) = G_6 - D_o \geq 0,$$
$$\boldsymbol{g}_7(\boldsymbol{x}) = G_7 - l \geq 0, \quad \boldsymbol{g}_8(\boldsymbol{x}) = z_t - G_8 \geq 0 \qquad \cdots (3.22)$$

(d) 設計計算式

表 3.1 に設計パラメータを独立変数と固定パラメータで表した設計計算式を示す。設計計算では、物質定数として永久磁石の保持力 H_c、電機子巻線抵抗率 ρ、積層鉄心鉄板の厚さ d_1、継鉄部と歯部のヒステリシス損係数 σ_{hc}, σ_{ht}、渦電流損係数 σ_{ec}, σ_{et} やスロット断面積に対する巻線の占積率 f_s、積層鉄心の鉄の占積率 k_1、交流実効抵抗補正係数 k_r、熱の比伝導度 κ を与える。

ギャップ磁束密度、トルク、力率、効率と設計パラメータとの関係は、

解析または有限要素法等で求める。

解析的手法とは、たとえば、SPMSMを図3.4のように円周（x軸）方向と半径（z軸）方向に展開した2次元の解析モデルで近似し、各領域に対して、Maxwellの電磁界方程式を適用して、電機子電流による起磁力と同期速度で回転する永久磁石による起磁力を等価表面電流$j_1(x)$、

〔表3.1〕設計計算式

設計パラメータ	単位	設計計算式
周波数	Hz	$f = n_s p/2$
角周波数	rad/s	$\omega = 2\pi f$
磁石内径	m	$D_{mi} = D_{shaft} + 2d_{ry}$
磁石(回転子)外径	m	$D_{mo} = D_{mi} + 2d_m$
磁石間空隙長	m	$l_s = \pi D_{mo}/p - w_m$
固定子エアダクト数		$n_d(整数) > h/0.0762 - 1$ ($h > 0.1$m)
一相の直列巻数		$N_{ph} = pqN$
固定子内径	m	$D_i = D_{mo} + 2g$
ポールピッチ	m	$\tau = \pi D_i/p$
スロットピッチ	m	$t_s = \tau/mq$
スロット幅	m	$w_s = k_t t_s$
歯幅	m	$z_t = t_s - w_s$
半コイルの長さ	m	$l_a = h + 1.5\beta\tau$
導体断面積	m²	$A_{c1} = I/a\Delta_1$
スロット深さ	m	$d_s = 2aNA_{c1}/w_s f_s$
固定子鉄心高さ	m	$d_a = \tau h B_{gm}/k_1\pi(h - n_d w_d) B_{sym} + d_s$
固定子外径	m	$D_o = D_i + 2d_a$
固定子鉄心歯部磁束密度	T	$B_{tm} = h B_{gm}/k_1(h - n_d w_d)(1 - k_t)$
回転子継鉄磁束密度	T	$B_{rym} = \tau B_{gm}/\pi d_{ry}$
電機子巻線体積	m³	$V_{cu1} = 2l_a N_{ph} am A_{c1}$
固定子鉄心継鉄部体積	m³	$V_{Fe1y} = k_1 \pi (h - n_d w_d)(D_0^2/4 - (D_i/2 + d_s)^2)$
固定子鉄心歯部体積	m³	$V_{Fe1t} = k_1 \pi (h - n_d w_d)(1 - k_t)((D_i/2 + d_s)^2 - D_i^2/4)$
固定子鉄心体積	m³	$V_{Fe1} = V_{Fe1y} + V_{Fe1t}$
回転子鉄心体積	m³	$V_{Fe2} = \pi h(D_m^2 - D_{shaft}^2)/4$
回転子永久磁石体積	m³	$V_{PM2} = \pi h(D_{mo}^2 - D_{mi}^2)(w_m/(w_m + l_s))/4$
出力	W	$P_0 = 2\pi T n_s$
冷却面積	m²	$O_s = \pi h(D_o + D_i) + \pi(D_o^2 - D_i^2)(n_d + 2)/4$
温度上昇	℃	$\Theta = (P_c + P_i)/\kappa O_s$
銅損	W	$P_c = m r_a I^2$
鉄損	W	$P_i = B_{sym}^2 \gamma_{Fe1} V_{Fe1}(\sigma_{hc}(f/100) + \sigma_{ec}(d_1 f/100)^2) + B_{tm}^2 \gamma_{Fe1} V_{Fe1}(\sigma_{ht}(f/100) + \sigma_{et}(d_1 f/100)^2)$

$j_m(x)$ に置き換えて与えると、各領域のベクトルポテンシャルや磁束密度を求めることができる。永久磁石の高さ d_m が大きい場合、図のように永久磁石領域を多層（k 層）に分割し、各層に等価表面電流 $j_{mk}(x)$ を与えたほうがよいようである。

電機子電流を I とすると、固定子鉄心表面の磁束密度の x 方向成分 $B_x^{II}(x)$ と z 方向成分 $B_z^{II}(x)$ の基本波成分は次のように求められる。

$$B_x^{II}(\boldsymbol{x}) = -j\mu_0 \frac{6\sqrt{2}k_w N_{ph} I}{p\tau} e^{j\left(\omega t - \frac{\pi}{\tau}x\right)} \qquad \cdots\cdots\cdots\cdots (3.23)$$

$$B_z^{II}(\boldsymbol{x}) = \mu_0 \left[\frac{6\sqrt{2}k_w N_{ph} I}{p\tau} - j\frac{4H_c d_m e^{j\theta}}{k\tau} \frac{\sin\frac{\pi}{\tau}\frac{w_m}{2}\sum_{i=1}^{k}\cosh\frac{\pi}{\tau}\frac{id_m}{k}}{\cosh\frac{\pi}{\tau}(d_m+g)} \right]$$

$$\times \coth\frac{\pi}{\tau}(d_m+g) e^{j\left(\omega t - \frac{\pi}{\tau}x\right)} \qquad \cdots (3.24)$$

ここで、巻線係数 k_w は以下の式で与えられる。なお、スロットの設計パラメータを図3.5に示す。

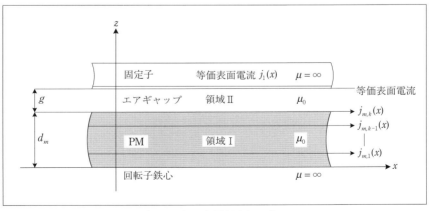

〔図3.4〕2次元解析モデル

$$k_w = \sin\frac{\beta\pi}{2} \frac{\sin q \dfrac{\pi}{\tau}\dfrac{t_s}{2}}{q\sin\dfrac{\pi}{\tau}\dfrac{t_s}{2}} \quad \cdots\cdots\cdots\cdots\cdots\cdots\cdots\cdots\cdots\cdots\cdots\cdots\cdots (3.25)$$

$B_x^{\mathrm{II}}(x)$、$B_z^{\mathrm{II}}(x)$ を使って、トルク T、効率 η、力率 $\cos\varphi$、容量 $Q[\mathrm{kVA}]$ を求めると以下のようになる。

$$T = \frac{\mu_0 6\sqrt{2} D_i k_w N_{ph} h I H_c d_m \cos\theta}{k\tau} \frac{\sin\dfrac{\pi}{\tau}\dfrac{w_m}{2} \sum_{i=1}^{k}\cosh\dfrac{\pi}{\tau}\dfrac{id_m}{k}}{\sinh\dfrac{\pi}{\tau}(d_m+g)} \quad (3.26)$$

$$\eta = \frac{P_o}{P_o + P_c + P_i} \quad \cdots\cdots\cdots\cdots\cdots\cdots\cdots\cdots\cdots\cdots\cdots\cdots (3.27)$$

$$\cos\varphi = \frac{E_0'\cos\theta + r_a I}{V} \quad \cdots\cdots\cdots\cdots\cdots\cdots\cdots\cdots\cdots\cdots (3.28)$$

$$Q = 3VI \times 10^{-3} \quad \cdots\cdots\cdots\cdots\cdots\cdots\cdots\cdots\cdots\cdots\cdots\cdots (3.29)$$

(3.27) 式の P_o は出力でトルク T と定格速度 n_s を使って次式で与えられる。

$$P_o = 2\pi T n_s \quad \cdots\cdots\cdots\cdots\cdots\cdots\cdots\cdots\cdots\cdots\cdots\cdots\cdots (3.30)$$

また、P_c は銅損、P_i は鉄損である。スロット形状の影響は次に示すカ

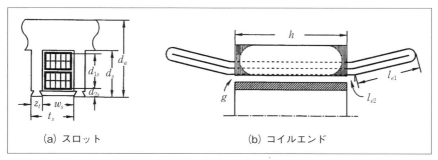

(a) スロット (b) コイルエンド

〔図3.5〕スロットおよびコイルエンド

ーター係数 k_c でギャップ長 g を補正して考慮する。

$$k_c = \frac{t_s}{t_s - \frac{(w_s/g)^2}{5+w_s/g}g} \quad \cdots\cdots\cdots\cdots\cdots\cdots\cdots\cdots\cdots \quad (3.31)$$

また、(3.28)、(3.29) 式の相電圧 V、逆起電力の実効値 E_0'、電機子巻線抵抗 r_a 等は下記のように表される。これは、(1.19) 式の V の大きさに相当し、同期リアクタンス x_s は電機子反作用リアクタンス x_a と電機子漏れリアクタンス x_l の和として与えられる。

$$V = \sqrt{(E_0'\cos\theta + r_a I)^2 + (E_0'\sin\theta + x_s I)^2} \quad \cdots\cdots\cdots\cdots \quad (3.32)$$

$$E_0' = \mu_0 \frac{8\sqrt{2}k_w N_{ph} h f_1 H_c d_m}{k} \frac{\sin\frac{\pi}{\tau}\frac{w_m}{2}\sum_{i=1}^{k}\cosh\frac{\pi}{\tau}\frac{id_m}{k}}{\sinh\frac{\pi}{\tau}(d_m+g)} \quad \cdots\cdots \quad (3.33)$$

$$r_a = 2k_r r N_{ph} l_a / a A_{c1} \quad \cdots\cdots\cdots\cdots\cdots\cdots\cdots\cdots\cdots \quad (3.34)$$

$$x_a = \mu_0 \frac{24(k_w N_{ph})^2 h f_1}{p} \coth\frac{\pi}{\tau}(d_m+g) \quad \cdots\cdots\cdots\cdots \quad (3.35)$$

$$x_l = \frac{16 m h f_1 (k_w N_{ph})^2 \times 10^{-7}}{p}\left\{\frac{5(3\beta+1)}{mqk_w^2}\left(\frac{d_{2s}}{w_s}+\frac{d_{1s}}{3w_s}\right)+\frac{4(2l_{e2}+l_{e1})}{h}\right\}$$
$$\cdots (3.36)$$

図3.6 に、SPMSM 試験機における、逆起電力 E_0' とトルク T の上記解析式を用いた計算値と実測値の比較を示す。両者とも十分な精度を有することがわかる。

以上のように定式化した (3.19) 式の制約のある最適化問題を解くにはいろいろな手法があるが、文献3-2 では、目的関数 $f(\boldsymbol{x})$ と制約関数 $g_i(\boldsymbol{x})$ ($i=1\sim m$) を組み合わせて次のような変換関数 $P(\boldsymbol{x}, r_k)$ を作り、その最適解を求める変換法（外点法）を用いて解いている。

$$P(\boldsymbol{x}, r_k) = f(\boldsymbol{x}) + r_k^{-1} \sum_{i=1}^{m} [\min\{g_i(\boldsymbol{x}), 0\}]^2 \quad \cdots\cdots\cdots\cdots (3.37)$$

　計算では、まず $\boldsymbol{x}$ および摂動パラメータ r_k に初期値 $\boldsymbol{x}_0$、r_0 を与えて $P(\boldsymbol{x}, r_k)$ を最小にする解 $\boldsymbol{x}_1$ を求め、$r_{k+1} = r_k/c\,(c>1)$ と r_k を減少させながら解が収束するまで計算を続ける。

　(3.37) 式の制約のない最適化問題の解法も多種あるが、以下の設計例では、直接探索法の一手法であるシンプレックス法を用いて求めている。

3.3.2　最適設計例

　表3.2 は、保持力 H_c=1,000kAT/m のネオジム磁石を持つ同期速度 n_s=2,000rpm、定格トルク T_n=4.775N-m の SPMSM の最適設計例を示す。固定パラメータとして g=1mm、相数 m=3、電流密度 $\varDelta_1$=4.1A/mm^2、スロット占積率 f_s=70%、軸径 D_{shaft}=24mm を与えた。また、1kg 当たりの電機子巻線価格 C_{Cu1}=800 円、固定子鉄心価格 C_{Fe1}=200 円、永久磁石価格 C_{PM2}=13,000 円、回転子鉄心価格 C_{Fe2}=100 円、各部の密度 γ_{Cu1}=8,890kg/m^3、γ_{Fe1}=7,860kg/m^3、γ_{PM2}=7,500kg/m^3、γ_{Fe2}=7,860kg/m^3 を与えている。制約値は、G_1=80%、G_2=80%、G_3=2T、G_4=1T、G_5=70℃、G_6=167mm、G_7=105mm、G_8=4mm である。

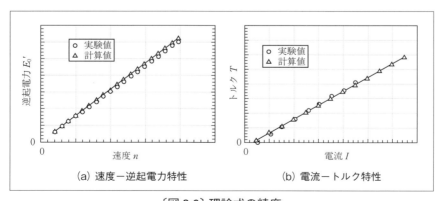

〔図3.6〕理論式の精度

(a) 単目的最適設計

表 3.2 の設計 A ～ 設計 D は単目的最適設計例である。目的関数は、順に、モータ重量 G、材料費 C、効率 η、パワーレート Q_R である。図 3.7 は設計 A ～ 設計 D の同じ尺度で描いた概略図を示す。

モータ重量最小の設計 A では、ポールピッチを τ=35.9mm と小さく、スロット幅／スロットピッチ比を k_t=0.67 と固定子鉄心歯部磁束密度の限界まで大きくして、コイルエンドと固定子スロット幅、さらに継鉄高さを小さくする設計となっている。モータの体積は小さいが多量の永久磁石を使っているため材料費は高くなっている。

〔表 3.2〕設計例

設計パラメータ	設計 A G 最小	設計 B C 最小	設計 C η 最大	設計 D Q_R 最大	設計 E Q_{RD} 最大 & C 最小	設計 F Q_{RD} 最大 & η 最大
線間電圧 $\sqrt{3}V$[V]	101	99	93	100	109	93
電機子電流 I[A]	5.6	6.9	5.3	8.1	7.6	7.3
周波数 f_1[Hz]	100	133	67	67	100	100
容量 KVA[kVA]	1.12	1.26	1.07	1.44	1.44	1.38
固定子外径 D_o[mm]	120.0	150.3	124.2	129.9	137.5	134.2
固定子内径 D_i[mm]	68.5	91.9	90.4	44.7	50.6	53.7
ポールピッチ τ[mm]	35.9	36.1	71.0	35.1	26.5	28.1
鉄心積み厚 l[mm]	35.9	36.1	96.4	35.1	26.5	28.2
極数 p	6	8	4	4	6	6
毎極毎相のスロット数 q	1	2	1	1	1	1
短節率 β	2/3	5/6	2/3	2/3	2/3	2/3
スロット深さ d_s[mm]	20.0	23.0	9.1	35.7	37.7	35.8
スロットピッチ t_s[mm]	12.0	6.0	23.7	11.7	8.8	9.4
スロット幅／スロットピッチ k_t	0.67	0.34	0.44	0.66	0.55	0.51
1 相の直列巻数 N_{ph}	228	176	80	276	318	300
電機子抵抗 r_a[Ω]	0.652	0.465	0.386	0.528	0.349	0.358
回転子外径 D_{mo}[mm]	66.5	89.9	88.4	42.7	48.6	51.7
磁石高さ d_m[mm]	16.3	1.0	7.6	4.4	5.2	8.9
磁石幅 w_m[mm]	15.0	24.7	23.6	18.3	14.9	11.3
モータ重量 G[kg]	3.0	5.4	7.9	4.2	3.6	3.6
材料費 C[Yen]	6370	2263	8271	3222	2942	3368
効率 η[%]	90.7	88.4	93.5	86.9	87.0	90.0
パワーレート Q_R[kW/s]	93.4	12.9	7.8	354.5	274.8	286.3
パワーレート密度 Q_{RD}[kW/s/kg]	30.8	2.4	1.0	80.3	76.6	80.7

材料費最小の設計Bでは、鉄機械の設計となり、固定子外径がD_O=150.3mm、極数がp=8と大きく、鉄心積み厚がl=36.1mmと小さくなっている。材料費を抑えるために永久磁石を薄くポールピッチを小さくした設計となっている。

効率最大の設計Cでは、ポールピッチと鉄心積み厚をτ=71.0mm、l=96.4mmと大きくするため、モータ重量や材料費が大きくなっている。

パワーレート最大の設計Dでは、回転子イナーシャを小さくするために回転子が非常に小さくなっている。永久磁石の高さがd_m=4.4mm、幅がw_m=18.3mmと小さくなるため、電気装荷が大きくなり、スロット深さがd_s=35.7mmと大きくなっている。

(b) 多目的最適設計

さらに表3.2の設計Eは、パワーレート密度（パワーレートをモータ

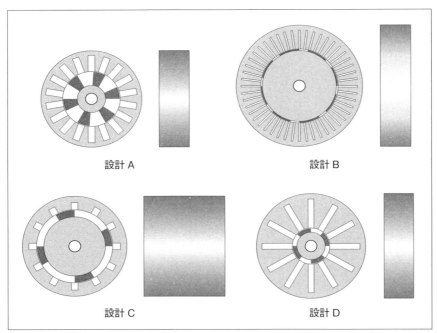

〔図3.7〕設計A～Dの概略図

重量で割ったもの）最大と材料費最小の多目的最適設計例、設計 F はパワーレート密度最大と効率最大の多目的設計例である。図 3.8 は同じ尺度で示したそれぞれの構造略図である。

以上のように最適設計手法を使うと、FEM によるスロットや磁石等の詳細設計に入る前に、設計の目的に応じた概略設計を行うことができる。

3．4　評価関数 [3-3]

設計をする際の評価関数として、前節ではモータ重量、材料費、効率、パワーレートを用いたが、それら以外のものを紹介する。

(1) 接線応力

ある大きさのモータから得られるトルクを示す指標の 1 つに接線応力がある。円筒形ロータの側面上の単位面積当たりに働く接線力で、次式で定義される。

$$\sigma = \frac{2}{\pi} \frac{T}{D^2 l} \quad [\text{N/m}^2] \quad \cdots\cdots\cdots\cdots\cdots\cdots\cdots\cdots\cdots\cdots (3.38)$$

(2) トルク密度

ある大きさのモータから得られるトルクを示す他の指標にトルク密度がある。単位ロータ体積当たりのトルクで、次式で定義される。

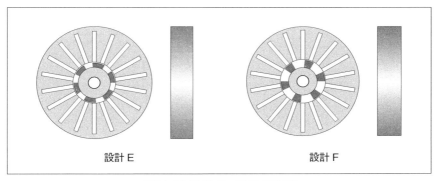

〔図 3.8〕設計 E、F の概略図

$$T_D = \frac{4}{\pi}\frac{T}{D^2 l} \quad [\text{N/m}^2] \quad \cdots\cdots\cdots\cdots\cdots\cdots\cdots\cdots\cdots\cdots \quad (3.39)$$

(3) 出力係数

(3.9) 式で定義した出力係数も、単位体積当たりのトルクにほぼ比例する。回転数に対して定義したが、角速度で定義したものもある。

$$K = \frac{T}{D^2 l} \quad [\text{N/m}^2] \quad \cdots\cdots\cdots\cdots\cdots\cdots\cdots\cdots\cdots\cdots \quad (3.40)$$

出力係数は、モータの種類や ac、B_a に依存する。文献3-3では、小型全閉モータ、産業用モータ、サーボモータ、自動車(プリウス第2世代)の K は、それぞれ、2.5〜7、7〜30、15〜75、45kN/m² と紹介されている。

(4) 出力密度

コイルエンドまでの長さとモータ断面の積を体積として単位体積当たりの出力 [kW/m³] で定義する。

(5) トルク対重量比

モータの単位重量当たりどれだけのトルクを出せるかの指標 [Nm/kg] である。

(6) 出力対重量比

モータの単位重量当たりどれだけの出力を出せるかの指標 [kW/kg] である。

(7) モータ定数 [3-4]

トルクを銅損の平方根で割ったもの。

$$K_m = \frac{T}{\sqrt{RI^2}} \quad \cdots\cdots\cdots\cdots\cdots\cdots\cdots\cdots\cdots\cdots\cdots\cdots\cdots \quad (3.41)$$

K_m の二乗は次式のようにトルク T と角速度 ω の傾きに相当し、トルク定数を K_T、誘起電圧定数を K_E とすると、

$$K_m{}^2 = \frac{T^2}{RI^2} = \frac{K_T{}^2 I^2}{RI^2} = \frac{K_T K_E}{R} = \frac{K_T(V/R)}{V/K_E} = \frac{T}{\omega} \quad \cdots\cdots\cdots\cdots (3.42)$$

となるため、K_m が大きいモータは **T−ω** 曲線の傾きが大きいことを表し、サーボモータの特性指標として用いることができる。

(8) 冷却能力を考慮したトルク[3-4]

上記銅損 $P_c = RI^2$ を、冷却能力を考慮した許容銅損 P_c' を用いてトルク T を次のような冷却能力を考慮した式により表す方法が提案されている。ここで、P_c' は温度上昇と冷媒への伝達係数の積で与えられる熱密度とフレーム表面積をかけて求められる。

$$T = \sqrt{P_c'} K_m \quad \cdots\cdots\cdots\cdots\cdots\cdots\cdots\cdots\cdots\cdots\cdots\cdots\cdots (3.43)$$

(9) 可変速比

電気自動車や洗濯機等で用いられる可変速モータで必要な指標で、トルク−速度曲線の規定速度に対する最高速度の比率である。

参考文献

(3-1) 竹内寿太郎原著、電機設計学、オーム社（1992）

(3-2) T. Higuchi, J. Oyama and T. Abe, Design Optimization of Surface PM Synchronous Motor for Servo Usage, Con. Rec. of 15th International Conference on Electrical Machines, No. 604 (2002.8)

(3-3) 見城尚志、SR モータ、日刊工業新聞社（2012）

(3-4) 宮本恭祐、永久磁石同期機における高効率化と実用化に関する研究、博士論文（長崎大学）（2014.3）

第4章

電気回路設計

4.1 巻線

同期機の巻線はその役割から、主磁束を発生させる界磁巻線とエネルギー変換を担う電機子巻線に区別される。電機子巻線に流れる電流は、モータにおいて回転起磁力あるいは回転磁界を発生させ、機械エネルギーに変換される電気エネルギーを供給する。図4.1 (a) のように、流れる電流の大きさ等から、固定子に電機子巻線、回転子に界磁巻線が設けられるが、近年では、永久磁石の特性の向上に伴い、同図 (b) のように、界磁巻線の代わりに永久磁石を用いて主磁束を発生させる永久磁石界磁方式が多く用いられている。

誘導機の巻線は、交流電源に接続される一次巻線と、電源に接続されない二次巻線からなる。一次巻線は同期機の電機子巻線のようなエネルギー変換を担うだけでなく、二次巻線に誘導起電力を発生させる励磁の役割も担っており、励磁された二次巻線に電流が流れることで電磁力を発生させる。図4.2のように、通常、固定子側には電源に接続される一次巻線が設けられる。

リラクタンス機には一種類の巻線のみが設けられ、誘導機の一次巻線と同様、励磁とエネルギー変換（リラクタンストルクの発生）の役割を担っている。図4.3のように、誘導機の場合と同様の理由から、この巻線も固定子側に設けられる。

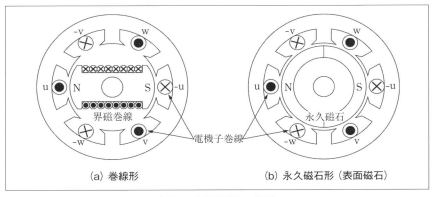

(a) 巻線形　　　　　　(b) 永久磁石形（表面磁石）

〔図4.1〕同期機の巻線

第4章◇電気回路設計

これらの役割を担った各巻線が、回転機の固定子および回転子に、様々な目的に応じた巻線手法を適用しながら施される。

4.1.1 同期機の電機子巻線と誘導機の一次巻線

原理的に、同期機の電機子側と誘導機の一次側は、三相巻線によって回転磁界（起磁力）を発生させるという意味において等価である。実際にこの性質を活かして、同期機の界磁側に誘導機の二次巻線を加えることで、誘導機の自己始動が可能な特性を有する同期機が考案されている。電機子巻線および一次巻線は、回転起磁力を発生させることを目的に、三相交流機では各相の巻線が電気角で$2\pi/3$だけずれた位置に配置され

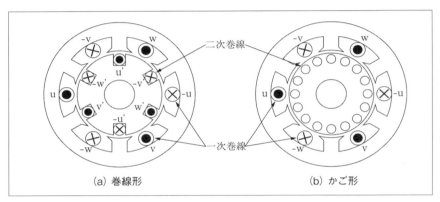

〔図4.2〕誘導機の巻線

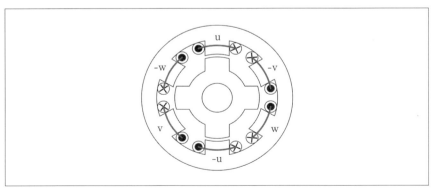

〔図4.3〕スイッチトリラクタンスモータの巻線

る。通常、巻線は電機子側、一次側の鉄心に設けられたスロットに収められる。図4.1、4.2のように各相の巻線を他の相巻線を挟んでスロットに収める巻線法を分布巻という。発生する回転起磁力を理想的な正弦波に近づけるために各相の巻線を複数のコイルに分けることが多く、その場合コイルを収めるだけのスロットが必要になる。各スロットには複数のコイル辺を収めることが可能であるが、一般的には、図4.4 (a) のように各スロットに1つのコイル辺を収める単層巻と、図4.4 (b) のように2つのコイル辺を収める二層巻が用いられる。それ以上の層に分けることも可能であるが、コイル端における巻線が複雑になるため、コイル端の配置を工夫する必要がある。一方、図4.4 (c) のように各巻線コイルをあるティースに巻く方法を集中巻（突極巻）という。

4.1.2　同期機の界磁巻線

界磁巻線は界磁側の鉄心形状によって集中巻と分布巻が使い分けられる。図4.5 (a) のように、突極構造の界磁鉄心を有する突極形同期機では、各界磁磁極に集中巻が施される。また図4.5 (b) のように、円筒形鉄心にスロットが設けられた非突極形あるいは円筒形同期機では、各スロットに分布して巻き重ねる分布巻が採用される。

4.1.3　誘導機の二次巻線

一般的に回転子側に設けられる誘導機の二次巻線は、図4.2に示すように回転子の円柱形鉄心に設けられたスロットに施され、巻線形とかご

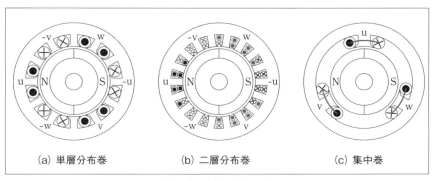

〔図4.4〕分布巻と集中巻

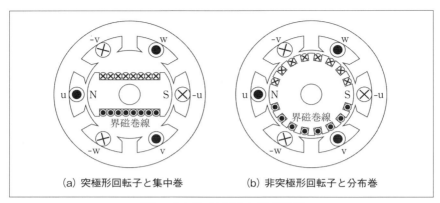

〔図4.5〕回転子構造と界磁巻線

形の2種類に分類される。巻線形の場合、スロットには三相巻線が施され、外部抵抗と接続することで始動や速度の調整が可能になる。一方、かご形の場合、スロットに棒状導体を挿入し、その両端を短絡環で接続する。

4.2 回転起磁力と巻線係数

同期機や誘導機の回転起磁力は、電機子鉄心のスロットに回転対称に配置して収められた三相巻線により作り出される。発生するトルクの有効な成分は、回転起磁力の時間および空間に関する主要な調波成分に依存する。この成分以外の調波成分は、多くの場合、不要あるいは有害な脈動成分と見なされる。そのため、主要成分を大きく保ちつつ、それ以外の調波成分を小さくするような巻線の配置（巻線法）が検討されてきた。巻線法によって、発生する起磁力の空間分布の各調波成分を調整することができる。その割合は巻線係数によって表される。ここでは、起磁力の空間分布を導出することにより、回転起磁力が発生することを確認するとともに、巻線法と巻線係数の関係について説明する。

空間分布の導出に際し、極数を2倍、スロットを2倍にして同じ巻線の並びを2回繰り返した場合、電気角で見ると等価な電動機になるため、起磁力分布の導出において、巻線配置の最小単位を考えればよい。最小単位は、スロット総数 Q_s、極対数 $p/2$ に対して、その最大公約数を

$\lambda = GCD\{Q_s, p/2\}$ とすれば、スロット数 Q_s/λ、極対数 $p/2\lambda$ となる。

一般的に、m 相巻線の場合、各相の巻線は互いに対称に配置される。非対称に配置された巻線に m 相電流を流すと、起磁力分布が相毎に異なり、トルクの時間波形にその高調波成分であるトルク脈動が発生する。各相巻線の配置を対称にすることでトルク波形は π/m 毎に周期的になり、余分なトルク脈動の発生が抑えられる。対称な巻線配置は、製作の複雑さを回避でき、対称であることから１つの相の配置を考慮するだけで巻線係数等の導出が可能になる。よって、ここでは三相巻線における u 相による起磁力分布を考える。

以下では、分布巻と集中巻に分けて説明する。

4.2.1 分布巻

分布巻では、ある相のコイルが他の相のコイル辺を挟むように巻かれるため、回転方向に見ると、各相のコイル辺が周期的に繰り返されるように配置される。各相のコイル辺が収められるスロットの数（収め方）によって、ここでは分布巻を３つの場合に分けて説明する。

(A) １つのスロットに収める場合

図 4.6 は各相のコイル辺を１つのスロットに収めた電機子を回転方向

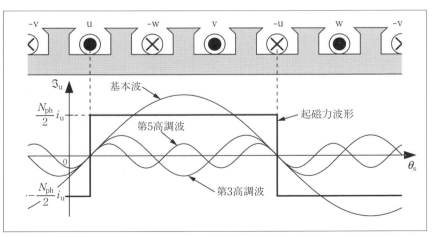

〔図 4.6〕スロット数が１の分布巻による起磁力の空間分布（u 相）

に沿って一直線状に展開した模式図である。この電機子鉄心のスロットに収められたu相巻線に電流を流すと、同図に示すように矩形波状の起磁力分布が形成される。u相の直列巻数をN_{ph}、u相電流をi_uとすると、矩形波起磁力の振幅は$N_{ph}i_u/2$で表される。この矩形波起磁力$\mathfrak{I}_u$を、電機子の位置座標を表す機械角θ_sに関してフーリエ級数に展開すれば、

$$\mathfrak{I}_u = \frac{2N_{ph}i_u}{\pi}\sum_{\nu=1}^{\infty}\frac{\sin(\nu\pi/2)}{\nu}\cos[\nu(\lambda\theta_s - \varphi_u)] \quad \cdots\cdots (4.1)$$

と書ける。ただしφ_uはu相巻線の巻線軸の位置を表している。

三相巻線は対称に配置されることから$\varphi_u=0$、$\varphi_v=2\pi/3$、$\varphi_w=4\pi/3$とし、この三相巻線に

$$\begin{aligned}i_u &= \sqrt{2}I\cos\omega t \\ i_v &= \sqrt{2}I\cos\left(\omega t - \frac{2\pi}{3}\right) \\ i_w &= \sqrt{2}I\cos\left(\omega t - \frac{4\pi}{3}\right)\end{aligned} \quad \cdots\cdots\cdots\cdots (4.2)$$

の三相電流を与えると、各相の巻線により発生する起磁力分布は、それぞれ次のように表される。

$$\mathfrak{I}_u = \frac{2\sqrt{2}N_{ph}I}{\pi}\cos\omega t\sum_{\nu=1}^{\infty}\frac{\sin(\nu\pi/2)}{\nu}\cos(\nu\lambda\theta_s) \quad \cdots\cdots (4.3)$$

$$\mathfrak{I}_v = \frac{2\sqrt{2}N_{ph}I}{\pi}\cos\left(\omega t - \frac{2\pi}{3}\right)\sum_{\nu=1}^{\infty}\frac{\sin(\nu\pi/2)}{\nu}\cos\left[\nu\left(\lambda\theta_s - \frac{2\pi}{3}\right)\right] \quad \cdots (4.4)$$

$$\mathfrak{I}_w = \frac{2\sqrt{2}N_{ph}I}{\pi}\cos\left(\omega t - \frac{4\pi}{3}\right)\sum_{\nu=1}^{\infty}\frac{\sin(\nu\pi/2)}{\nu}\cos\left[\nu\left(\lambda\theta_s - \frac{4\pi}{3}\right)\right] \quad \cdots (4.5)$$

これらの式を用いると、三相巻線により発生する起磁力は以下で表される。

$$\begin{aligned}\mathfrak{S}_a &= \mathfrak{S}_u + \mathfrak{S}_v + \mathfrak{S}_w \\ &= \frac{3\sqrt{2}N_{ph}I}{\pi}\left\{\sum_{\nu=1,4,7,\ldots}^{\infty}\frac{\sin(\nu\pi/2)}{\nu}\cos(\nu\lambda\theta_s - \omega t)\right. \\ &\quad \left. + \sum_{\nu=2,5,8,\ldots}^{\infty}\frac{\sin(\nu\pi/2)}{\nu}\cos(\nu\lambda\theta_s + \omega t)\right\} \cdots \quad (4.6)\end{aligned}$$

この起磁力の基本波成分（$\nu=1$）のみを考えると、

$$\mathfrak{S}_{a,1} = \frac{3\sqrt{2}N_{ph}I}{\pi}\cos(\lambda\theta_s - \omega t) \quad\cdots\cdots\cdots\cdots\cdots\cdots\cdots\cdots \quad (4.7)$$

となり、ω/λ の角速度で θ_s の方向に回転する回転起磁力が発生していることが確認できる。その一方で (4.6) 式には $\nu \neq 1$ の項が存在し、これらは回転起磁力の高調波成分に相当する。$\nu=3n+1(n=1, 2, 3,\ldots)$ に対応する高調波成分は基本波成分と同方向に回転し、$\nu=3n-1(n=1, 2, 3,\ldots)$ に対応する高調波成分は基本波成分と逆方向に回転する。また、空間的に対称な三相巻線の配置と時間的に対称な三相電流の場合、$\nu=3n(n=1, 2, 3,\ldots)$ に対応する高調波成分は発生しない。(4.6) 式では ν が偶数の項はゼロとなるため、分布巻では、偶数次調波は発生せず、奇数次調波のみが存在する。

(B) 2つ以上のスロットに単層で収める場合

各相のコイル辺が単層巻で q 個のスロットに収められる分布巻の場合、各相の巻線による起磁力は、それを構成する q 個の各コイルの起磁力を合成したものになる。そのため、その空間分布は、(4.1) 式で記述される各コイルの矩形波起磁力を重ね合わせたような波形になる。その一例として、図4.7にコイル数が2の単層分布巻による起磁力の空間分布を示す。各コイルの巻線軸の位置を $\varphi_{u,k}(k=1,2,\ldots,q)$ とすると、u相電流により発生する起磁力分布は、

$$\mathfrak{I}_u = \sum_{k=1}^{q} \mathfrak{I}_{u,k} = \frac{2N_{ph}i_u}{\pi q} \sum_{k=1}^{q} \sum_{\nu=1}^{\infty} \frac{\sin(\nu\pi/2)}{\nu} \cos[\nu(\lambda\theta_s - \varphi_{u,k})] \quad \cdots (4.8)$$

で表される。この巻線配置において、各コイルの巻線軸の位置は互いに $\pi/3q$ ずつずれており、

$$\varphi_{u,k} = \varphi_u + \frac{\pi}{3q}\left(k - \frac{q+1}{2}\right) \quad k = 1, 2, \cdots, q \quad \cdots\cdots\cdots (4.9)$$

と書ける。これを (4.8) 式に代入して足し合わせると、u 相巻線による起磁力分布は次式で表される。

$$\mathfrak{I}_u = \frac{2N_{ph}I_u}{\pi q} \sum_{\nu=1}^{\infty} \frac{\sin(\nu\pi/2)}{\nu} \sum_{k=1}^{q} \cos\left[\frac{\nu\pi}{3q}\left(k - \frac{q+1}{2}\right)\right] \cos[\nu(\lambda\theta_s - \varphi_u)]$$
$$\cdots (4.10)$$

(4.10) 式と (4.1) 式から、スロット数が 1 の場合を基準にすれば、スロット数が q の場合の分布巻の第 ν 次高調波は、

$$k_{d\nu} = \frac{1}{q}\sum_{k=1}^{q}\cos\left[\frac{\nu\pi}{3q}\left(k-\frac{q+1}{2}\right)\right] \quad \cdots\cdots\cdots\cdots\cdots\cdots (4.11)$$

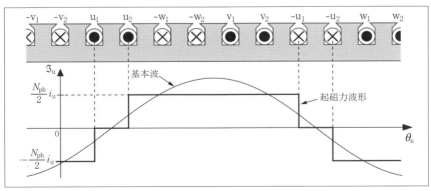

〔図 4.7〕スロット数が 2 の単層分布巻による起磁力の空間分布 (u 相)

となる。この k_{dv} は分布巻係数といい、スロット数が1の場合を基準として、起磁力の空間分布や誘導起電力の時間波形における各調波成分の割合を表している。(4.11)式において余弦関数の分母3は相数を意味しており、m 相巻線の分布巻係数は分母の3を m とすることで得られる。また、(4.11)式に三角関数の倍角公式を適用すれば、以下のように書き換えられる。

$$k_{dv} = \frac{\sin(\nu\pi/2m)}{q\sin(\nu\pi/2mq)} \quad \cdots\cdots\cdots\cdots\cdots\cdots\cdots\cdots\cdots\cdots (4.12)$$

図4.8に、コイル数 q と次数 ν に対する分布巻係数をそれぞれ示す。同図からコイル数が3以上の単層分布巻では、基本波成分が大きく保たれ、高調波成分が抑制されることがわかる。この分布巻係数 k_{dv} は、ベクトル図からも求めることができる。導出の詳細は文献(4-1)を参照されたい。

この分布巻係数 k_{dv} を用いると、分布巻の場合における u 相巻線による起磁力の空間分布は、次式のように書ける。

$$\mathfrak{S}_u = \frac{2N_{ph}i_u}{\pi} \sum_{\nu=1}^{\infty} k_{dv} \frac{\sin(\nu\pi/2)}{\nu} \cos[\nu(\lambda\theta_s - \varphi_u)] \quad \cdots\cdots (4.13)$$

(C) 2つ以上のスロットに二層で収める場合

各スロットを二層に分けてコイル辺を収める場合、二層に分けない(単層の)場合に対して、相巻線を2倍の数のコイル辺に分けて収めることになる。層毎で見ると隣り合う q 個のスロットに各相のコイル辺が収められ、層同士で見ると各相のコイル辺を収めるスロットが1つ以上ずれた配置になる。その一例として、図4.9に4つのコイル辺を3つのスロットに収める分布巻を示す。この場合、層同士で見ると1スロットだけコイル辺がずれて収められている。このように層同士で収めるスロットをずらす巻き方は、ずらした分だけコイル端を短くできることから、短節巻と呼ばれる。これに対して、コイル端を短くできない巻き方を全節巻と呼ぶ。図4.9を例にすると、回転対称な位置にあるコイル辺 u_1 と $-u_1$、u_2 と $-u_2$、u'_1 と $-u'_1$、u'_2 と $-u'_2$ に対して、短節巻ではコイル辺 u_1

と$-u'_1$、u_2と$-u'_2$、u'_1と$-u_1$、u'_2と$-u_2$でそれぞれコイルを構成し、1スロット分だけコイル端が短くなる。またこの配置のずれは、全節巻のコイルピッチ（ポールピッチ）に対する短節巻のコイルピッチとして短節率 β で表される。この短節巻はコイル端を短くできるだけでなく、図 4.9 の起磁力波形からわかるように、その高調波成分の抑制も期待できる。

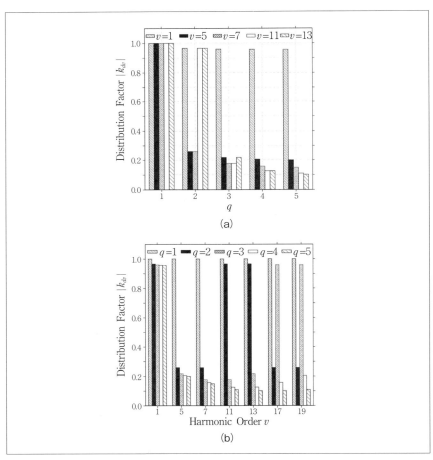

〔図 4.8〕三相分布巻の分布巻係数

各層の合成起磁力が (4.13) 式で表され、層同士で $(1-\beta)\pi$ だけずれている巻線配置において、u 相巻線による起磁力分布は以下で表される。

$$
\begin{aligned}
\mathfrak{I}_u &= \mathfrak{I}_u + \mathfrak{I}_u{}' \\
&= \frac{2N_{ph}i_u}{\pi}\sum_{\nu=1}^{\infty} k_{d\nu}\frac{\sin(\nu\pi/2)}{\nu} \\
&\quad \cdot \frac{1}{2}\left\{\cos\left[\nu\left\{\lambda\theta_s - \varphi_u - \frac{(1-\beta)\pi}{2}\right\}\right] + \cos\left[\nu\left\{\lambda\theta_s - \varphi_u + \frac{(1-\beta)\pi}{2}\right\}\right]\right\} \\
&= \frac{2N_{ph}i_u}{\pi}\sum_{\nu=1}^{\infty} k_{d\nu}\frac{\sin(\nu\pi/2)}{\nu}\cos\left[\frac{\nu(1-\beta)\pi}{2}\right]\cos[\nu(\lambda\theta_s - \varphi_u)] \\
&= \frac{2N_{ph}i_u}{\pi}\sum_{\nu=1}^{\infty} k_{d\nu}\sin\left(\frac{\nu\beta\pi}{2}\right)\sin\left(\frac{\nu\pi}{2}\right)\frac{\sin(\nu\pi/2)}{\nu}\cos[\nu(\lambda\theta_s - \varphi_u)]
\end{aligned}
$$
$$\cdots (4.14)$$

(4.13) 式と (4.14) 式を比較すると、全節巻に対する短節巻の第 ν 高調波の割合は以下で与えられる。

$$k_{p\nu} = \sin\left(\frac{\nu\beta\pi}{2}\right) \quad\cdots\cdots\cdots\cdots\cdots\cdots\cdots\cdots\cdots\cdots (4.15)$$

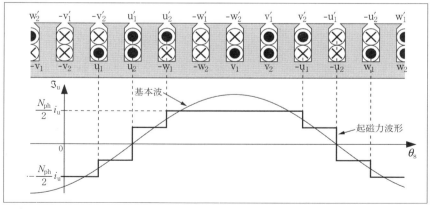

〔図 4.9〕スロット数が 3 の二層分布短節巻による起磁力の空間分布（u 相）

この比 k_{pv} を短節巻係数という。図4.10（a）に β に対する短節巻係数の変化、同図（b）に β の値に関して次数 v に対する短節巻係数の変化をそれぞれ示す。β の値が1に近い領域では、基本波成分が大きく保たれ、5次や7次の高調波成分が小さくなる値がある。一方、β の値が0に近くなると、基本波成分を小さく抑えて4次や5次の高調波成分が大きくなる。また同図には、v が偶数の場合も示している。分布巻では偶数次調波は発生しないが、後述の集中巻では発生することがある。この短節巻係数はベクトル図からも導出できる。その詳細は文献（4-1）を参照されたい。

 u相巻線による起磁力の空間分布は、分布巻係数 k_{dv} と短節巻係数 k_{pv}

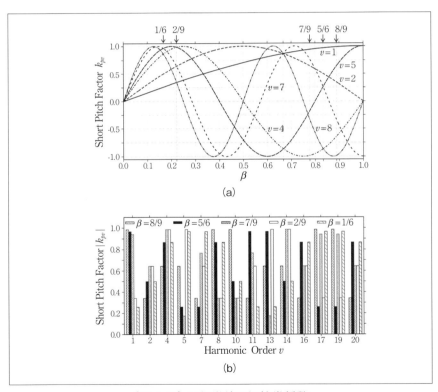

〔図4.10〕三相巻線の短節巻係数

を用いて次式で表される。

$$\mathfrak{F}_u = \frac{2N_{ph}i_u}{\pi} \sum_{\nu=1}^{\infty} k_{d\nu} k_{p\nu} \frac{\sin^2(\nu\pi/2)}{\nu} \cos[\nu(\lambda\theta_s - \varphi_u)] \quad (4.16)$$

このように、起磁力の空間分布および回転起磁力の各調波成分は、コイル辺を1つのスロットに収める分布巻の場合を表す(4.1)式に係数 $k_{d\nu}k_{p\nu}$ をかけた式で表される。この係数を巻線係数 $k_{w\nu}=k_{d\nu}k_{p\nu}$ という。

4.2.2 集中巻

集中巻とは、1つのティースに対してその隣り合う2つのスロットに1つのコイルを収める巻き方であり、回転方向に関して各相のコイルが周期的に繰り返されるように配置される。この各相のコイルが巻かれるティースの数によって、ここでは集中巻を3つの場合に分けて説明する。

(A) 1つのティースに巻く場合

図4.11は各相のコイルを1つのティースに巻いた電機子を回転方向に沿って一直線状に展開した模式図である。このu相巻線に電流を流すと、同図に示すように矩形波状の起磁力分布が形成される。u相の直列巻数を N_{ph}、u相電流を i_u とすると、この矩形波起磁力の θ_s に関するフ

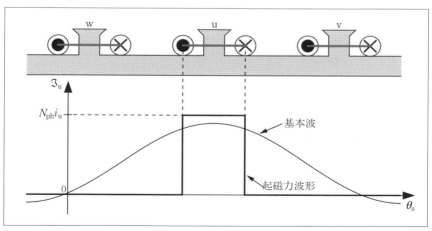

〔図4.11〕ティース数が1の集中巻による起磁力の空間分布(u相)

ーリエ級数展開は以下で表される。

$$\mathfrak{I}_u = \frac{2N_{ph}i_u}{\pi} \sum_{\nu=1}^{\infty} \frac{\sin(\nu\beta\pi/2)}{\nu} \cos[\nu(\lambda\theta_s - \varphi_u)] \qquad \cdots\cdots (4.17)$$

$$= \frac{2N_{ph}i_u}{\pi} \sum_{\nu=1}^{\infty} k_{p\nu} \frac{1}{\nu} \cos[\nu(\lambda\theta_s - \varphi_u)]$$

ここで $\beta=2/3$ であり、定数項は無視している。このように、集中巻は短節巻の一種と見なすこともできるが、この場合の短節率の基準 ($\beta=1$) が他相コイルを越えた次の同相コイルまでのピッチの半分であることに注意する必要がある。また (4.16) 式の分布巻の場合と異なり、$\sin(\nu\pi/2)$ が含まれないため、偶数次の高調波成分が発生する。

(B) 奇数個のティースに分けて巻く場合

各相のコイルが q' 個のティースに分けて巻かれる集中巻の場合、各相の巻線による起磁力は、構成する各コイルの起磁力を合成したものになるため、その空間分布は、(4.17) 式で記述される各コイルの矩形波起磁力を重ね合わせたような波形になる。ここでは、各相巻線を奇数個のティースに分けて巻く集中巻について説明する。その一例として、図4.12 に各相のコイルを3つのティースに分けて巻いた集中巻による起磁力の空間分布を示す。このとき、同相の隣り合うコイルは巻線軸の方向が反転するように巻かれる。各コイルの巻線軸の方向を $\varphi_{u,k}$ とすると、u相電流により発生する起磁力分布は以下で表される。

$$\mathfrak{I}_u = \sum_{k=1}^{q} \mathfrak{I}_{u,k}$$

$$= \frac{2N_{ph}i_u}{\pi q'} \sum_{k=1}^{q'} (-1)^{k+1} \sum_{\nu=1}^{\infty} \frac{\sin(\nu\beta\pi/2)}{\nu} \cos[\nu(\lambda\theta_s - \varphi_{u,k})] \quad q':\text{odd} \qquad \cdots (4.18)$$

ここで、$\beta=2/3q'$ である。この巻線配置において、各コイルの巻線軸の方向は

$$\varphi_{u,k} = \varphi_u + \frac{2\pi}{3q'}\left(k - \frac{q'+1}{2}\right) \quad k=1,2,\cdots,q' \quad q':\text{odd} \quad \cdots (4.19)$$

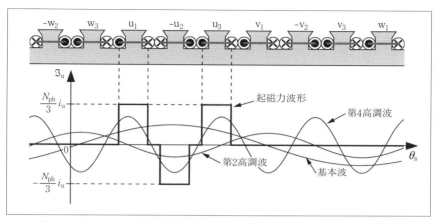

〔図4.12〕ティース数が3の集中巻による起磁力の空間分布（u相）

で表される。これを(4.18)式に代入して足し合わせると、

$$\Im_u = \frac{2N_{ph}\,i_u}{\pi} \sum_{\nu=1}^{\infty} k_{dv}{}' k_{pv} \frac{1}{\nu} \cos[\nu(\lambda\theta_s - \varphi_u)] \quad \cdots\cdots\cdots (4.20)$$

となる。ただし、

$$k_{dv}{}' = \frac{\cos(\nu\pi/m)}{q'\cos(\nu\pi/mq')} \quad q':\text{odd} \quad \cdots\cdots\cdots\cdots\cdots\cdots (4.21)$$

であり、集中巻における分布巻係数である。

(C) 偶数個のティースに分けて巻く場合

ここでは、各相巻線を偶数 (q') 個のティースに分けて巻く集中巻について説明する。この場合、ある相の巻線は二組のコイルに分けられ、それぞれが隣り合う $q'/2=r$ 個のティースに分けて巻かれる。隣り合うコイルは巻線軸の方向が反転するように巻かれ、もう一組の対応するコイルはそれと巻線軸が一致するように巻かれる。その一例として、図4.13に各相のコイルを4つのティースに分けて巻いた集中巻による起磁力の空間分布を示す。各コイルの巻線軸の方向を $\varphi_{u,k}$ とすると、u相電流により発生する起磁力分布は以下で表される。

$$\mathfrak{I}_u = \sum_{k=1}^{q} \mathfrak{I}_{u,k}$$
$$= \frac{2N_{ph} i_u}{\pi q'} \sum_{k=1}^{r} (-1)^{k+1} \sum_{\nu=1}^{\infty} \sin\left(\frac{\nu\beta\pi}{2}\right) \frac{\sin^2(\nu\pi/2)}{\nu} \cos[\nu(\lambda\theta_s - \varphi_{u,k})] \quad \cdots (4.22)$$

ここで、$\beta = 2/3q'$ である。この巻線配置において、各コイルの巻線軸の方向は

$$\varphi_{u,k} = \varphi_u + \frac{\pi}{3r}\left(k - \frac{r+1}{2}\right) \quad k = 1, 2, \cdots, r \quad \cdots (4.23)$$

で表される。これを (4.22) 式に代入して足し合わせると、

$$\mathfrak{I}_u = \frac{2N_{ph} i_u}{\pi} \sum_{\nu=1}^{\infty} k'_{dv} k_{pv} \frac{\sin^2(\nu\pi/2)}{\nu} \cos[\nu(\lambda\theta_s - \varphi_u)] \quad \cdots (4.24)$$

となる。ただし、

$$k'_{dv} = \begin{cases} \dfrac{\cos(\nu\pi/2m)}{r\cos(\nu\pi/2mr)} & r : \text{odd} \\ \dfrac{\sin(\nu\pi/2m)}{r\cos(\nu\pi/2mr)} & r : \text{even} \end{cases} \quad \cdots (4.25)$$

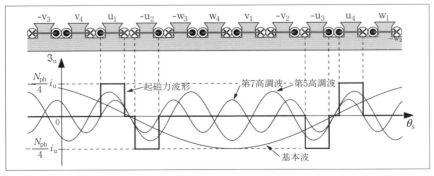

〔図4.13〕ティース数が4の集中巻による起磁力の空間分布（u相）

であり、集中巻における分布巻係数である。

表4.1に、相巻線を分けるコイルの数 q'、高調波次数 ν に対する集中巻の分布巻係数を示す。分布巻の場合と異なり、たとえば、$q'=3$ の場合には $\nu=4$ あるいは5のように、基本波成分ではなくある高調波成分が大きく保たれる。ゆえに、集中巻の場合、回転起磁力の基本波成分ではなく、その高調波成分に同期するように回転子（極数）が設計される。

4.2.3 整数スロット巻線と分数スロット巻線

分布巻は、回転起磁力の基本波成分に回転子を同期させて平均トルクを得る巻線法であり、その毎極毎相のスロット数は整数となる。一方、集中巻は、回転起磁力の高調波成分に回転子を同期させて平均トルクを得ることも可能な巻線法であり、その毎極毎相のスロット数は分数となる。ゆえに、前者は整数スロット巻線、後者は分数スロット巻線と呼ばれる。実際の設計における両者の特徴は第6章を参照されたい。また、整数スロット巻線の場合、$\lambda=p/2$ となる。

〔表 4.1〕三相集中巻の分布巻係数

ν	q'					
	3	4	5	6	7	8
1	0.1774	0.2588	0.1022	0.2931	0.0722	0.1261
2	−0.2176		−0.1095		−0.0747	
4	−0.9598		−0.1494		−0.0865	
5	−0.9598	0.9659	0.2000	−0.4491	0.0974	0.1576
7	−0.2176	0.9659	0.9567	−0.8440	0.1429	−0.2053
8	0.1774		0.9567		−0.1955	
10	0.1774		0.2000		−0.9558	
11	−0.2176	0.2588	−0.1494	−0.8440	−0.9558	−0.9577
13	−0.9598	−0.2588	−0.1095	−0.4491	−0.1955	−0.9577
14	−0.9598		0.1022		0.1429	
16	−0.2176		0.1022		0.0974	
17	0.1774	−0.9659	−0.1095	0.2931	−0.0865	−0.2053
19	0.1774	−0.9659	−0.1494	0.2931	−0.0747	0.1576
20	−0.2176		0.2000		0.0722	
22	−0.9598		0.9567		0.0722	
23	−0.9598	−0.2588	0.9567	−0.4491	−0.0747	0.1261
25	−0.2176	0.2588	0.2000	−0.8440	−0.0865	−0.1261
26	0.1774		−0.1494		0.0974	
28	0.1774		−0.1095		0.1429	
29	−0.2176	0.9659	0.1022	−0.8440	−0.1955	−0.1576
31	−0.9598	0.9659	0.1022	−0.4491	−0.9558	0.2053
32	−0.9598		−0.1095		−0.9558	
34	−0.2176		−0.1494		−0.1955	
35	0.1774	0.2588	0.2000	0.2931	0.1429	0.9577
37	0.1774	−0.2588	0.9567	0.2931	0.0974	0.9577
38	−0.2176		0.9567		−0.0865	
40	−0.9598		0.2000		−0.0747	
41	−0.9598	−0.9659	−0.1494	−0.4491	0.0722	0.2053
43	−0.2176	−0.9659	−0.1095	−0.8440	0.0722	−0.1576
44	0.1774		0.1022		−0.0747	

4.3 かご形誘導機の固定子と回転子のスロット数の組合せ

　同期機や巻線形誘導機と異なり、かご形誘導機では回転子のスロット数に制約がないため、スロット数を自由に設計することができる。しかし、前節で説明した起磁力の調波成分やスロットの有無に伴うパーミアンスの変化（スロット高調波）に起因したトルクが発生する。(4.16)式より、固定子に三相整数スロット巻線が施されている場合、回転磁界には主要な調波成分として基本波成分の他に第5次と第7次の高調波成分が含まれ、第5次高調波成分は基本波成分と逆方向に $\omega/5(p/2)$ の角速度で回転し、第7次高調波成分は基本波成分と同方向に $\omega/7(p/2)$ の角速度で回転する。それぞれの高調波回転磁界と回転子のすべりに応じてかご形巻線に電流が流れ、図4.14に示すような高調波非同期トルクが発生する。T_1、T_5、T_7 はそれぞれ基本波および第5次、第7次高調波成分によるトルクであり、それらの合成が出力トルクとなる。また、あるすべりにおいて、固定子と回転子の高調波回転磁界の極数、回転方向、回転速度が一致することがあり、図4.15に示すような高調波同期トルクが発生する。これにより、すべりが大きい回転速度付近で駆動トルクが減少することがある。このようなトルクの低下により、始動時にその回

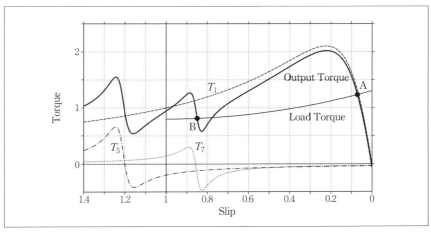

〔図4.14〕高調波非同期トルク

転速度付近で、加速に必要なトルクが得られず停滞してしまう、クローリング（次同期運転）という現象が起こる。たとえば図4.14のような負荷トルクの場合、点Aまで加速すべき電動機が点Bで停滞してしまう。また、調波成分によりラジアル力のバランスが崩れ、振動や騒音が発生することがある。そのため、固定子のスロット数に対して、かご形回転子のスロット数を適切に選ぶ必要がある。このように誘導機では、駆動トルクに寄与しない調波成分を抑制する設計が求められることから、一般的に固定子には整数スロット巻線で分布短節巻が採用される。また、スロット高調波を抑制するために、回転子のかご形巻線をスキューにすることも有効である。

ここでは、三相機において高調波同期トルクに伴うクローリングや振動を避けるために考慮すべき固定子のスロット数 Q_s と回転子のスロット数 Q_r の組合せについて説明する。

4.3.1　ギャップ磁束密度分布

ギャップ中の磁界に含まれる主要な高調波成分を、ギャップ磁束密度分布から求める。固定子の巻線電流によって発生する起磁力分布では、(4.16)式より主に低次の高調波成分が大きいこと、図4.8よりスロット

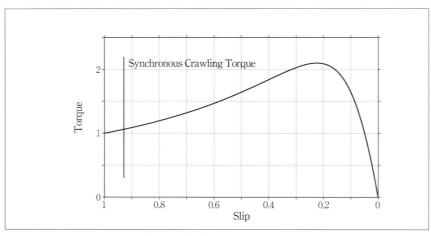

〔図4.15〕高調波同期トルク

数前後の次数（$mpq \pm p/2 = Q_s \pm p/2$）の分布巻係数が大きいため、その高調波成分が大きいことがわかる。これらが主要な高調波成分であるとすると、その回転起磁力の空間分布は以下で近似できる。

$$\Im_s = \sum_{\nu = p/2, (\pm 6+1)p/2, \pm Q_s + p/2} F_{sn} \cos[\nu \theta_s - \omega t]$$
$$= \sum_{n = 0, \pm 3p, \pm Q_s} F_{sn} \cos\left[\left(n + \frac{p}{2}\right)\theta_s - \omega t\right] \quad \cdots\cdots\cdots (4.26)$$

かご形巻線は、巻数 1/2、相数 $m_2 = Q_r$、巻線係数 $k_{wv} = 1$ の巻線と等価である。ゆえに、巻線電流によって発生する回転起磁力は主に基本波成分とスロット数前後の次数の高調波成分からなるため、その空間分布は以下で近似できる。

$$\Im_r = \sum_{\nu = p/2, \pm Q_r + p/2} F_{rl} \cos[\nu \theta_r - s\omega t] = \sum_{l = 0, \pm Q_r} F_{rl} \cos\left[\left(l + \frac{p}{2}\right)\theta_r - s\omega t\right]$$
$$= \sum_{l = 0, \pm Q_r} F_{rl} \cos\left[\left(l + \frac{p}{2}\right)\{\theta_s - (\omega_m t + \theta_0)\} - s\omega t\right]$$
$$= \sum_{l = 0, \pm Q_r} F_{rl} \cos\left[\left(l + \frac{p}{2}\right)\theta_s - (\omega + l\omega_m)t - \theta_{rl}\right] \quad \cdots (4.27)$$

ただし、$\theta_r = \theta_s - (\omega_m t + \theta_0)$ は回転子上の位置座標であり、s はすべり、ω_m は回転角速度である。ゆえに $s\omega + (p/2)\omega_m = \omega$ である。また $\theta_{rl} = (l + p/2)\theta_0$ としている。

次に、ギャップ中のパーミアンス分布は、スロットに対して周期的であるため、その主要成分のみを考慮すると以下で表される。

$$\begin{aligned} P_m &= P_{m0} + P_{ms}\cos(Q_s \theta_s) + P_{mr}\cos(Q_r \theta_r) \\ &= P_{m0} + P_{ms}\cos(Q_s \theta_s) + P_{mr}\cos[Q_r\{\theta_s - (\omega_m t + \theta_0)\}] \end{aligned} \quad (4.28)$$

ただし、P_{m0} は平均値、P_{ms} および P_{mr} はそれぞれ固定子、回転子のスロットによる基本波成分の振幅である。

ギャップ磁束密度の空間分布は、(4.26) 式、(4.27) 式、(4.28) 式より、

$$\Phi_g = P_m(\Im_s + \Im_r)$$

$$= P_{m0} \sum_{n=0,\pm 3p,\pm Q_s} F_{sn} \cos\left[\left(n+\frac{p}{2}\right)\theta_s - \omega t\right]$$

$$+ \frac{1}{2} P_{ms} \sum_{n=0,\pm 3p,\pm Q_s} F_{sn} \left\{\cos\left[\left\{\left(n+\frac{p}{2}\right)-Q_s\right\}\theta_s - \omega t\right]\right.$$

$$\left. + \cos\left[\left\{\left(n+\frac{p}{2}\right)+Q_s\right\}\theta_s - \omega t\right]\right\}$$

$$+ \frac{1}{2} P_{mr} \sum_{n=0,\pm 3p,\pm Q_s} F_{sn} \left\{\cos\left[\left\{\left(n+\frac{p}{2}\right)-Q_r\right\}\theta_s - (\omega-Q_r\omega_m)t + Q_r\theta_0\right]\right.$$

$$\left. + \cos\left[\left\{\left(n+\frac{p}{2}\right)+Q_r\right\}\theta_s - (\omega+Q_r\omega_m)t - Q_r\theta_0\right]\right\}$$

$$+ P_{m0} \sum_{l=0,\pm Q_r} F_{rl} \cos\left[\left(l+\frac{p}{2}\right)\theta_s - (\omega+l\omega_m)t - \theta_{rl}\right]$$

$$+ \frac{1}{2} P_{ms} \sum_{l=0,\pm Q_r} F_{rl} \left\{\cos\left[\left\{\left(l+\frac{p}{2}\right)-Q_s\right\}\theta_s - (\omega+l\omega_m)t - \theta_{rl}\right]\right.$$

$$\left. + \cos\left[\left\{\left(l+\frac{p}{2}\right)+Q_s\right\}\theta_s - (\omega+l\omega_m)t - \theta_{rl}\right]\right\}$$

$$+ \frac{1}{2} P_{mr} \sum_{l=0,\pm Q_r} F_{rl} \left\{\cos\left[\left\{\left(l+\frac{p}{2}\right)-Q_r\right\}\theta_s - (\omega+l\omega_m-Q_r\omega_m)t - (\theta_{rl}-Q_r\theta_0)\right]\right.$$

$$\left. + \cos\left[\left\{\left(l+\frac{p}{2}\right)+Q_r\right\}\theta_s - (\omega+l\omega_m+Q_r\omega_m)t - (\theta_{rl}+Q_r\theta_0)\right]\right\}$$

$$\cdots (4.29)$$

で表される。

 ある回転数において、ギャップ中の磁界に含まれる複数の高調波成分の極数、回転方向、回転速度が一致することがある。そのとき、その相互作用によって予期せぬトルクが発生する（文献(4-2)、(4-3)）。次からは各回転数においてトルクが発生するスロット数の組合せを具体的に説明する。

4.3.2 停止時（$\omega_m=0$）における高調波成分の影響

 停止時（$\omega_m=0$）において、複数の高調波成分の極数、回転方向、回転速度が一致する回転子のスロット数は、

$$Q_r = 2 \cdot \frac{p}{2},\ 3 \cdot \frac{p}{2},\ 6 \cdot \frac{p}{2},\ 12 \cdot \frac{p}{2},$$

$$Q_s,\ Q_s \pm 6 \cdot \frac{p}{2},\ Q_s \pm 12 \cdot \frac{p}{2},$$

$$2Q_s,\ 2Q_s \pm 6 \cdot \frac{p}{2},\ 3Q_s,$$

$$\frac{1}{2}Q_s,\ \frac{1}{2}Q_s \pm 3 \cdot \frac{p}{2},\ \frac{1}{3}Q_s$$

である。

4.3.3 正回転時（$\omega_m > 0$）における高調波成分の影響

正回転時（$\omega_m > 0$）において、複数の高調波成分の極数、回転方向、回転速度が一致する回転子のスロット数は、

$$Q_r = \frac{p}{2},\ 2 \cdot \frac{p}{2},\ 4 \cdot \frac{p}{2},\ 8 \cdot \frac{p}{2},\ 14 \cdot \frac{p}{2},$$

$$Q_s - 10 \cdot \frac{p}{2},\ Q_s - 4 \cdot \frac{p}{2},\ Q_s + \frac{p}{2},\ Q_s + 2 \cdot \frac{p}{2},\ Q_s + 8 \cdot \frac{p}{2},\ Q_s + 14 \cdot \frac{p}{2},$$

$$2Q_s - 4 \cdot \frac{p}{2},\ 2Q_s + 2 \cdot \frac{p}{2},\ 2Q_s + 8 \cdot \frac{p}{2},\ 3Q_s + 2 \cdot \frac{p}{2},$$

$$\frac{1}{2}Q_s - 2 \cdot \frac{p}{2},\ \frac{1}{2}Q_s + \frac{p}{2},\ \frac{1}{2}Q_s + 4 \cdot \frac{p}{2},\ \frac{1}{3}Q_s + \frac{2}{3} \cdot \frac{p}{2}$$

である。

4.3.4　逆回転時（$\omega_m<0$）における高調波成分の影響

逆回転時（$\omega_m<0$）において、複数の高調波成分の極数、回転方向、回転速度が一致する回転子のスロット数は、

$$Q_r = 2\cdot\frac{p}{2},\ 4\cdot\frac{p}{2},\ 10\cdot\frac{p}{2},$$

$$Q_s - 14\cdot\frac{p}{2},\ Q_s - 8\cdot\frac{p}{2},\ Q_s - 2\cdot\frac{p}{2},\ Q_s - \frac{p}{2},\ Q_s + 4\cdot\frac{p}{2},\ Q_s + 10\cdot\frac{p}{2},$$

$$2Q_s - 8\cdot\frac{p}{2},\ 2Q_s - 2\cdot\frac{p}{2},\ 2Q_s + 4\cdot\frac{p}{2},\ 3Q_s - 2\cdot\frac{p}{2},$$

$$\frac{1}{2}Q_s - 4\cdot\frac{p}{2},\ \frac{1}{2}Q_s - \frac{p}{2},\ \frac{1}{2}Q_s + 2\cdot\frac{p}{2},\ \frac{1}{3}Q_s - \frac{2}{3}\cdot\frac{p}{2}$$

である。

4.3.5　ラジアル力のアンバランス

振動を発生させるラジアル力のアンバランスは、固定子スロットと回転子スロットとの位置関係が回転対称でない場合に生じる。この関係は、

$$GCD\{Q_r, p\} = 1$$

で表される。

4.3.6　スロット数の組合せ

固定子と回転子のスロット数の各組合せにおいて現れる高調波成分による影響を極数毎に表4.2、4.3、4.4にまとめる。また詳細は文献(4-2)、(4-3)を参照されたい。

[表 4.2] 2極機におけるスロット数の各組合せにおいて現れる高調波成分の影響
（△：ラジアル力による振動、□：停止時、+：正回転時、−：逆回転時のトルク）

q	Q_s	a	\multicolumn{10}{c}{$Q_r(=10a+b)$ b}										
			0	1	2	3	4	5	6	7	8	9
1	6	0	/	△	±	△	±	△	□	△	+	△
		1	−	△	□	△	+	△	−	△	□	△
2	12	0	/	△	±	△	±	△	□	△	±	△
		1	±	△	□	△	+	△	−	△	△	△
		2	+	△	−	△	□	△	+	△	−	△
3	18	0	/	△	±	△	±	△	□	△	±	△
		1	±	△	□	△	+	△	−	△	△	△
		2	+	△	−	△	□	△	+	△	−	△
		3	□	△	+	△	−	△	△	△	+	△
4	24	1	±	△	□	△	±	△	±	△	□	△
		2	+	△	−	△	△	△	+	△	−	△
		3	□	△	+	△	−	△	△	△	△	△
5	30	1	−	△	△	△	±	△	±	△	△	△
		2	+	△	−	△	△	△	+	△	−	△
		3	□	△	+	△	−	△	□	△	+	△
		4	−	△	□	△	+	△	△	△	△	△

[表 4.3] 4極機におけるスロット数の各組合せにおいて現れる高調波成分の影響

q	Q_s	a	\multicolumn{10}{c}{$Q_r(=10a+b)$ b}										
			0	1	2	3	4	5	6	7	8	9
1	12	0	/	△	+	△	±	△	□	△	±	△
		1	−	△	□	△	+	△	+	△	△	△
		2	−	△	△	△	□	△	△	△	+	△
2	24	1	−	△	□	△	+	△	±	△	□	△
		2	±	△	−	△	□	△	+	△	+	△
		3	△	△	−	△	△	△	△	△	△	△
3	36	2	±	△	△	△	△	△	+	△	+	△
		3	△	△	−	△	−	△	△	△	△	△
		4	+	△	△	△	−	△	△	△	□	△
		5	△	△	+	△	△	△	−	△	△	△
4	48	3	□	△	±	△	△	△	△	△	△	△
		4	+	△	△	△	−	△	−	△	□	△
		5	+	△	+	△	△	△	−	△	△	△
		6	□	△	△	△	+	△	△	△	−	△
5	60	4	+	△	△	△	−	△	△	△	□	△
		5	△	△	+	△	△	△	−	△	△	△
		6	□	△	+	△	+	△	△	△	△	△
		7	△	△	□	△	△	△	+	△	△	△
		8	−	△	△	△	□	△	△	△	+	△

〔表4.4〕6極機におけるスロット数の各組合せにおいて現れる高調波成分の影響

q	Q_s	a	\multicolumn{10}{c}{$Q_s(=10a+b)$ b}									
			0	1	2	3	4	5	6	7	8	9
1	18	0	/	△		+	−	△	±	△	+	□
		1	△		±	△		−		△	□	△
		2		+		△	+	△				△
		3	−	△				△	□	△		
2	36	2		+		△	±	△				△
		3	±	△		−		△		△		+
		4	△		+	△						
		5						□				
3	54	3	±	△		−				△		+
		4		△	+			△		△	−	△
		5	−			△	□	△		+		△
		6	+	△				△	−	△		
		7	△		□	△				△	+	
4	72	5				△	□	△				
		6	+	△				△	−	△		−
		7	△		□	△		+		△	+	
		8				△	−	△				
		9	□	△				△	+			
5	90	7	△							△	+	
		8				△	−	△				
		9	□	△		+			+	△		
		10		△	−	△				△	□	△
		11				△	+	△				△

4.4 材料

4.4.1 導電材料

電気機器の導電材料にとって最も重要な性質は、その効率に直結する導電率あるいは抵抗率である。また機械的および熱的特性、腐食等に対する耐性も考慮すべきである。

銅の室温における導電率は銀に次いで2番目に高く、熱伝導率、耐腐食性にも優れている。そのため、銅は最も重要な導電材料である。

アルミニウムは銅に比べて導電率が低いものの、実用上からは十分な値を有している。特に融点が低いため、鋳造が比較的容易であり、鉄心に融解したアルミニウムを流し込んで導体、短絡環等を鋳造するダイカスト方式に適しており、かご形誘導モータの回転子導体として用いられ

る。また銅よりも安価、軽量であるため、経済面、重量面も考慮した場合に銅の代替材料として選択される。

導体の抵抗 R は、その長さを l、断面積を A、抵抗率を ρ とすると以下で表される。

$$R = \rho \frac{l}{A} \quad \cdots\cdots\cdots\cdots\cdots\cdots\cdots\cdots\cdots\cdots\cdots (4.30)$$

抵抗率の逆数を導電率と呼ぶ。一般的に、金属の抵抗は温度が上昇すると増加し、温度 $t[℃]$ における抵抗率 $\rho(t)$ の値は、基準となる温度 $t_0[℃]$ における抵抗率 $\rho(t_0)$ を用いて、

$$\rho(t) = \rho(t_0) \frac{234.5 + t}{234.5 + t_0} \quad \cdots\cdots\cdots\cdots\cdots\cdots\cdots\cdots (4.31)$$

で表される。

4.4.2 絶縁材料

絶縁材料は、機器内の電気回路を実現するために、巻線コイルを構成する導電材料同士を電気的に絶縁する目的で用いられる。絶縁材料で重視される電気的特性は、絶縁体に電圧を加えたとき、印可電圧を維持できなくなる電界強度（単位は MV/cm、kV/mm 等が用いられる）が大きいこと、導電性が小さいこと、誘電率が適当な値であること、誘電損が小さいこと等である。また回転機では振動、熱が発生するため、電気的特性に加え、機械的特性、熱的特性も考慮される。回転機を構成する材料の中で、導電材料や磁性材料、構造材料といった金属材料と異なり、絶縁材料は比較的低い温度で劣化して絶縁破壊し、機器の破損に繋がる。さらに温度は絶縁材料の寿命と密接に関わっており、その寿命が回転機の寿命に直結するため、材料の耐熱クラスは慎重に選定する必要がある。

JIS（日本工業標準調査会）の規格 C4003:2010 では、絶縁材料を最高連続使用温度に基づいて、耐熱クラス Y（最高連続使用温度：90℃）、A（105℃）、E（120℃）、B（130℃）、F（155℃）、H（180℃）、N（200℃）、R（220℃）等に分類している。

参考文献

(4-1) 小山純、樋口剛：エネルギー変換工学、朝倉書店、2008
(4-2) Philip H. Alger: Induction Machines, Second Ed., Gordon and Breach, Science Publishers, 1970
(4-3) Essam S. Hamdi: Design of Small Electrical Machines, John Wiley & Sons Ltd., 1994
(4-4) 磯部昭二 他：電気機器絶縁の実際、開発社、1988
(4-5) 関井康夫：電気材料、丸善、2001
(4-6) 速水敏幸：電気設備の絶縁診断、オーム社、2001
(4-7) 広瀬敬一、炭谷英夫：電機設計概論［4版改訂］、電気学会、2007

第5章

磁気回路設計

5.1 磁性材料

磁性材料には、磁気回路で用いられる強磁性体材料（軟質磁性材料）と永久磁石材料（硬質磁性材料）があり、近年の電気機器の特性向上はこれら磁性材料の性能向上に依るところが大きい。

5.1.1 強磁性体材料

電気機器で用いられる強磁性体材料は、透磁率が高く飽和磁束密度が高いもの、交流機器用ではさらに鉄損が少ないものが好ましく、一般には無方向性電磁（けい素）鋼帯が、タービン発電機、変圧器では方向性電磁鋼帯が用いられる。透磁率が高いと、少ない起磁力で磁束を作ることができるため励磁電流を小さくできる。飽和磁束密度が高いと、磁束を通す磁性材料の断面積を小さくでき、機器を小型軽量化できる。

閉磁路を成す磁性材料に巻線を巻き交流電流を加えたときの磁界の強さHと磁性材料中の磁束密度Bの関係を磁化曲線という。図5.1は磁化曲線の例で、H_cを保磁力、B_rを残留磁束密度と呼ぶ。図1.1の磁気回路ではBとHが比例すると仮定したが、実際の磁性材料ではHが増加するとBは、図の第1象限に示すように、増加しながら増加の割合が一定値に近づく。これを磁気飽和現象と言う。電流が反転してHが減少すると、Bは来た道とは異なる軌跡を描きながら減少し、Hが負の領域に入るとBは再び第3象限で飽和する。Hが1周すると、Bは図のよ

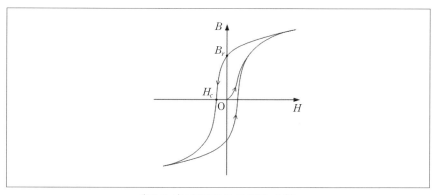

〔図5.1〕強磁性体の磁化曲線

うに閉曲線を描く。これをヒステリシス現象と言う。

　磁性材料に交番磁界が流れたときに生ずる損失を鉄損といい、ヒステリシス現象に起因するヒステリシス損と磁束の変化により発生する渦電流に起因する渦電流損に分けられる。ヒステリシスループの面積が小さいほどヒステリシス損が小さくなり、電気抵抗の高い材料ほど渦電流損が小さくなる。無方向性電磁鋼帯は、高純度の鉄に0.5〜6.5wt.％のけい素を入れることにより、そして鋼帯の厚さを薄くすることにより電気抵抗を増して渦電流損を抑制し、さらに保磁力を減少させることによりヒステリシスループの面積を小さくしヒステリシス損を押さえたものである。ケイ素の含有量を増やすと、特性はよくなるが、材質は硬くもろくなる。

　単位重量あたりの鉄損P_iの鉄損計算式を(5.1)式に示す[5-1]。

$$P_i = \sigma_h f B^{1.6〜2} + \sigma_e d_1^2 f^2 B^2 \quad \cdots\cdots\cdots\cdots\cdots\cdots\cdots\cdots\cdots\cdots \quad (5.1)$$

ここで、Bは磁束密度最大値、fは周波数、d_1は鋼帯の厚さ[mm]を表す。第1項はヒステリシス損、第2項は渦電流損で、σ_hはヒステリシス損係数、σ_eは渦電流損係数である。

　磁性材料には、強磁性体の鉄、コバルト、ニッケルまたはそれらの合金が用いられる。用途によっては、鉄損の少ない非晶質金属であるアモルファス金属、飽和磁束密度が高い鉄コバルト合金のパーメンジュール、透磁率が高く保磁力が低い鉄ニッケル合金のパーマロイ等が用いられる。アモルファス金属は高透磁率、低損失等の優れた磁気特性を持つが、厚さが非常に薄く、非常に硬く加工し難いという問題があるため、応用は変圧器用巻鉄心等に限られていたが、2つの回転子を持つアキシャルギャップ型モータの固定子鉄心に切断積層されたアモルファス金属箔帯を用いた高効率永久磁石モータが開発されている[5-2]。また、表面に絶縁被膜を有する強磁性体粉末を圧縮成形した圧粉磁心は、高周波における渦電流損が小さい特徴を持つが、電磁鋼帯に比べて透磁率等の磁気特性が劣っている。最近は、圧粉磁心の強度が向上し、最大磁束密度も1.6T程度まで改善されており、鉄心形状を自由に設計できる利点を生

かしてモータへの適用が検討されている[5-3]。

5.1.2 永久磁石材料

近年、界磁に永久磁石を使用して小型・高効率化を図った直流モータや同期モータが盛んに用いられている。永久磁石にはフェライト磁石、希土類磁石が多く用いられる。図5.2に永久磁石の磁化曲線を示す。飽和まで磁化した後のヒステリシスループの第2象限が用いられ、減磁特性曲線と呼ばれる。B_rは飽和になるまで磁化した後に磁化力を取り去ってもなお残っている磁束密度を示す残留磁束密度で、H_{cB}はこの残留磁気を消滅させるのに必要な磁界の強さを示す保磁力（B保磁力と呼ばれる）である。永久磁石は、この減磁曲線上で動作するが、ヒステリシスループの幅が広く、残留磁束密度B_r、保磁力H_{cB}、最大エネルギー積$(BH)_{max}$が大きなものが好ましい。

磁化の強さJとHの関係は次式で与えられ、

$$B = \mu_0 H + J \quad \cdots\cdots\cdots\cdots\cdots\cdots\cdots\cdots\cdots\cdots\cdots\cdots\cdots\cdots \quad (5.2)$$

JとHの関係を図（点線）のように描くことができる。図中のH_{cJ}は固有保持力（J保磁力）と呼ばれる。

冷蔵庫、洗濯機、エアコン等の家庭電化製品、電気自動車、ハイブリ

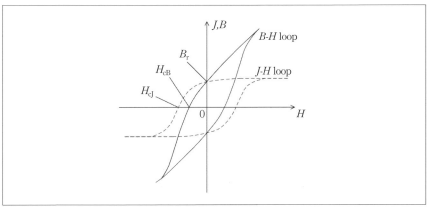

〔図5.2〕永久磁石の磁化特性

ッドカー、エレベータ等の産業用途に希土類磁石が多く用いられるようになったが、これは保持力や最大エネルギー積がフェライト等の他の磁石に比べて非常に大きいためである。希土類磁石としてはネオジム磁石（Nd-Fe-B系磁石）が安価で保持力や最大エネルギー積が大きい理由で最も多く用いられている。

　希土類磁石粉を樹脂と混合して固化成形したボンド磁石は、上記の焼結磁石に比べて磁気特性は劣るが、寸法精度が高い、形状自由度が高い、機械的特性が優れている、大量生産が容易であるなどの特長を持つため、特に小型モータへの応用も行われている。また、異方性リング磁石（アキシャル配向、ラジアル配向、極異方配向）の応用も進められている。

5.2　磁気回路設計の基礎 [5-4]
5.2.1　磁化曲線と動作点

　図5.3に、N回巻されたコイルに電流Iを流す励磁回路、平均長l_i、断面積S_iの環状鉄心、平均長l_gのギャップで構成される磁気回路を示す。漏れ磁束はないものとする（ギャップの断面積$S_g=S_i$）。鉄心に作用する起磁力を$\mathfrak{F}_i$、ギャップに作用する起磁力を$\mathfrak{F}_g$、磁気回路全体に作用する起磁力を$\mathfrak{F}$とすると、アンペアの周回積分の法則より、

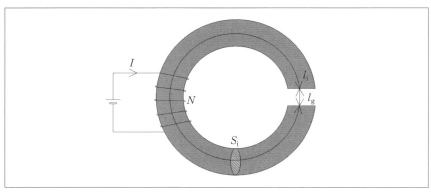

〔図5.3〕ギャップを持つ強磁性体の磁気回路

$$\Im = \Im_i + \Im_g = NI \quad \cdots\cdots\cdots\cdots\cdots\cdots\cdots\cdots\cdots\cdots\cdots\cdots\cdots\cdots \quad (5.3)$$

鉄心の磁界の強さをH_i、磁束密度をB_i、磁束をΦ_i、ギャップの磁界の強さをH_g、磁束密度をB_g、磁束をΦ_gとすると、

$$\Im_i = H_i l_i, \quad \Im_g = H_g l_g \quad \cdots\cdots\cdots\cdots\cdots\cdots\cdots\cdots\cdots\cdots \quad (5.4)$$

$$\Phi_i = B_i S_i, \quad \Phi_g = B_g S_g \quad \cdots\cdots\cdots\cdots\cdots\cdots\cdots\cdots\cdots\cdots \quad (5.5)$$

漏れがないので、$\Phi_i=\Phi_g=\Phi$である。

ここで、鉄心の磁化曲線が図5.4の実線のように与えられると、$\Im$とΦの関係は、以下のように考察できる。

今、この磁気回路に起磁力$\Im=NI=0x_1$が加えられたとする。ギャップがなく鉄心のみなら、鉄心はa点まで磁化されるはずである。

ギャップにおいては、$\Im_g$とΦ_gの関係は、次式のように傾きがそのパーミアンスP_gで与えられる磁化曲線となる。

$$\frac{\Phi_g}{\Im_g} = \frac{B_g S_g}{H_g l_g} = \mu_0 \frac{S_g}{l_g} = P_g \quad \cdots\cdots\cdots\cdots\cdots\cdots\cdots\cdots \quad (5.6)$$

ギャップがあると、鉄心はb点までしか磁化されず、ギャップを持つ磁気回路の磁束は直線yb上の$x_2b=x_1c$となるc点に移る。b点は、直線

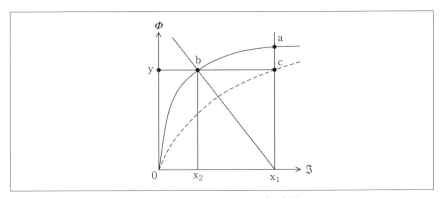

〔図5.4〕強磁性体の磁化特性

x_1b の傾きが $\varPhi_g/\mathfrak{F}_g=P_g$ となることから求めることができる。ここで、長さ $0x_2=yb$ は鉄心にかかる起磁力 $\mathfrak{F}_i$ に等しく、長さ $x_1x_2=bc$ はギャップにかかる起磁力 $\mathfrak{F}_g$ に等しい。

以上のように任意の起磁力 $\mathfrak{F}$ に対して作図をすると、点線で示した曲線 0c が求まる。曲線 0c は同期発電機の無負荷飽和曲線に相当するものである。

5.2.2 磁束の漏れの考慮

前項では、ギャップの磁束に漏れはないと仮定したが、実際の電気機器では漏れ磁束が存在する。設計では漏れ係数 k_f を与えて補正する。さらに、起磁力においてもギャップ以外の起磁力降下があり、起磁力損失係数 k_r を与えて次式のように補正する。

$$k_f = \frac{\varPhi}{\varPhi_g}, \quad k_r = \frac{\mathfrak{F}}{\mathfrak{F}_g} \quad \cdots\cdots\cdots\cdots\cdots\cdots\cdots\cdots\cdots\cdots\cdots\cdots\cdots (5.7)$$

ここで、$\varPhi$ は磁石が発生する全磁束、$\varPhi_g$ はギャップ磁束（有効磁束）、$\mathfrak{F}$ は磁気回路中の全起磁力、$\mathfrak{F}_g$ はギャップに働く起磁力である。ラジアルギャップモータの場合、k_f=1.05～1.15、k_r=1.0～1.1、アキシャルギャップモータの場合、k_f=1.1～1.3、k_r=1.0～1.2 程度である。

以上の漏れ磁束を考慮した磁束の計算は有限要素法等の汎用ソフトを使うとかなり正確に計算できるが、パーミアンス法を使ってモータモデルに対して近似的に求めることもできる。

5.3 磁石設計の基礎

5.3.1 磁化曲線と動作点

図5.5に示すような、平均長 l_g のギャップを持つ断面積 S_m、長さ l_m の環状磁石を考える。磁束の漏れはないと仮定（ギャップの断面積 $S_g=S_m$）し、磁石の磁界の強さを H_m、磁束密度を B_m、ギャップの磁界の強さを H_g、磁束密度を B_g とする。この磁石にコイルを巻き、起磁力 NI を与えて磁化すると、アンペアの周回積分の法則、およびギャップ磁束密度 $B_g=B_m$ の条件より次式が得られる。

$$NI = H_g l_g + H_m l_m = \frac{B_g}{\mu_0} l_g + H_m l_m = \frac{B_m}{\mu_0} l_g + H_m l_m \quad \cdots\cdots\cdots \quad (5.8)$$

永久磁石状態では、外部から加えた起磁力 NI が 0 であるため、パーミアンス係数 k_{pb} は次式で与えられる。

$$k_{pb} = \frac{B_m}{H_m} = -\mu_0 \frac{l_m}{l_g} = \tan\theta \quad \cdots\cdots\cdots\cdots\cdots\cdots\cdots \quad (5.9)$$

このようにギャップを持つ磁気回路の場合、自己減磁作用によって磁石内の磁界の強さおよび磁束密度は、図 5.6 に示すように磁石の減磁曲線と (5.9) 式で与えられるパーミアンス線の交点 (a 点) で与えられる。

なお、磁石の起磁力を $\Im_m$、磁束を Φ_m とおき、磁石から見た外部のパーミアンスを P とおくと、次式が成立する。

$$\frac{\Phi_m}{\Im_m} = P \quad \cdots\cdots\cdots\cdots\cdots\cdots\cdots\cdots\cdots\cdots\cdots\cdots \quad (5.10)$$

$$\Im_m = l_m H_m, \quad \Phi_m = S_m B_m \quad \cdots\cdots\cdots\cdots\cdots\cdots\cdots\cdots \quad (5.11)$$

よって、k_{pb} と P の関係は次式で与えられる。

$$k_{pb} = \frac{B_m}{H_m} = \frac{\Phi_m}{S_m} \frac{l_m}{\Im_m} = P \frac{l_m}{S_m} \quad \cdots\cdots\cdots\cdots\cdots\cdots \quad (5.12)$$

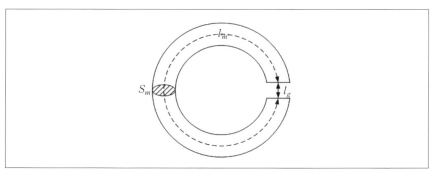

〔図 5.5〕永久磁石磁気回路

第5章◇磁気回路設計

　ある永久磁石の減磁曲線が図5.7（a）に示され、動作点がa点とする。ここで、ギャップ中に強磁性体を挿入するなどして外部のパーミアンスを変化させると、BHカーブは小さなヒステリシスループを描く。一般にこのループの幅は狭いので減磁曲線上の始点（a点）とB軸上の終点を結ぶ1つの直線で近似される。この直線をリコイル線と呼ぶ。この傾斜をリコイル透磁率と呼びμ_rで表す。リコイル線の延長がH軸と交わる点をH_e（仮想的起磁力と呼ばれる）とする。

　今、外部パーミアンスが何らかの影響でP'に変化すると、動作点はリコイル線上を移動し、P'に対応するパーミアンス線p'とリコイル線の交点（b点）に移る。

　ここで、外部磁気回路が非線形の場合は、以下のように考えればよい。すなわち、5.2.1項で述べたように、飽和磁化曲線を$\varPhi\mathfrak{J}$減磁曲線上に描けば磁石の動作点はこの曲線と減磁曲線またはリコイル線との交点で与えられる。BH減磁曲線上では、その飽和磁化曲線を（5.11）式を用いて換算すればよい。図5.7（b）に鉄心に飽和がある場合の磁石の動作を示す。第1象限に線形部を除いた非線形飽和鉄心のみの磁化曲線を描く

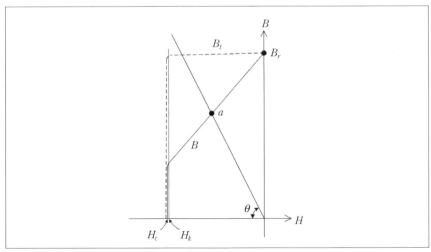

〔図5.6〕永久磁石磁化曲線

と、第2象限で線形部分のパーミアンス線を描き、飽和磁化曲線を図示のように加え合わせることによって作図できる。

5.3.2 永久磁石の減磁曲線

図5.8に、フェライト磁石の減磁曲線例を示す。真空の透磁率 μ_0 とほぼ等しい傾きを持つ直線減磁特性と保磁力の近傍の屈曲点から急激に減少する垂下減磁特性からなる。リコイル透磁率 μ_r は μ_0 にほぼ等しい。

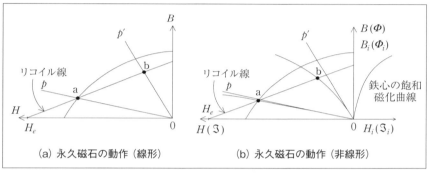

〔図5.7〕永久磁石の動作

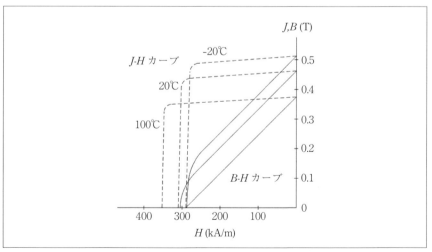

〔図5.8〕フェライト磁石の減磁曲線

第5章 ◇ 磁気回路設計

　図5.9に、希土類磁石（ネオジム磁石）の減磁曲線例を示す。フェライト磁石の場合と似ているが、保磁力、残留磁束密度、エネルギー積が非常に大きいことがわかる。

　永久磁石は温度変化によって磁力が弱くなる、熱減磁と呼ばれる特性を持つ。図5.8よりフェライト磁石は低温になると減磁し、磁石の固有磁化が急激に低下することがわかる。また、図5.9より希土類磁石は高温になると減磁することがわかる。ネオジム磁石の最大動作温度は140℃程度と250℃程度のサマリウムコバルト磁石に比べて劣っていたが、最近は、ジスプロシウム拡散により最大動作温度は240℃、H_d は2500kA/mを超えるものまで開発され、さらに、低ジスプロシウム、省ジスプロシウムの高性能磁石の開発も進められている。

5.3.3　環境変化と動作点

　モータで使用される永久磁石は温度変化や電機子電流によって作られる減磁界の変化等の使用環境の変化にさらされる。

　まず、図5.9のネオジム磁石の減磁曲線を使って、温度変化の影響を概説する。図において、20℃のときのパーミアンス線が p_1 とすると、

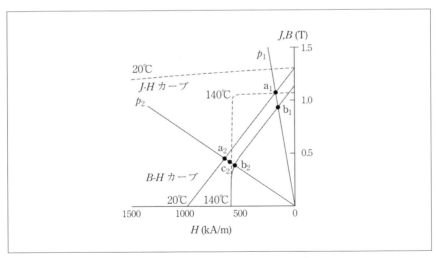

〔図5.9〕ネオジム磁石の減磁曲線

BH 減磁曲線上の動作点は a_1 点である。温度が140℃に増加すると動作点は b_1 点となる。ここで、B_{a1} を a_1 点の磁束密度、B_{b1} を b_1 点の磁束密度、α を残留磁束密度の温度係数とすると、$B_{b1}=B_{a1}(1-\alpha\times(140-20))$ である。温度が20℃に戻ると、動作点は a_1 点に戻り磁気特性は復元する。

しかしながら、パーミアンス線が p_2 のとき、温度が20℃から140℃に変化すると、BH 減磁曲線上の動作点は a_2 点から b_2 点に移動する。温度が20℃に戻ると、磁束密度は磁石の温度係数分のみが戻り c_2 点になる。このように、温度上昇により減磁曲線が屈曲点を持つ特性になると、温度がもとに戻っても磁力が弱くなる不可逆減磁を起こしてしまう。

次に、電機子巻線によって作られる減磁界の影響について述べる。磁石における減磁界の影響は JH 減磁曲線を使って説明される。図5.10に BH および JH 減磁曲線例を示す。ある磁気回路のパーミアンス線が p とすると、BH 減磁曲線上の動作点は a 点である。JH 減磁曲線上の動作点は、次式で与えられるパーミアンス線 p_i との交点で a 点の垂直上にある b 点である。

$$p_i = \frac{B_m + \mu_0 H_m}{H_m} = k_{pb} + \mu_0 \quad \cdots\cdots\cdots\cdots\cdots\cdots\cdots\cdots (5.13)$$

減磁界 H_a がかけられると、パーミアンス線 p_i は H_a だけ平行移動し、

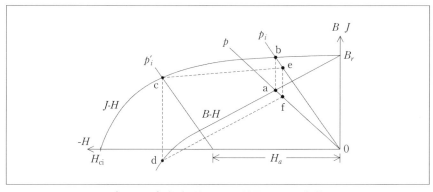

〔図5.10〕永久磁石の反磁界による減磁

JH 減磁曲線上の動作点は c 点に移動する。BH 減磁曲線上の対応する動作点は d 点で、c 点の垂直下にある。減磁界 H_a がなくなると、JH 減磁曲線および BH 減磁曲線上の動作点 c 点と d 点は b 点と a 点には戻らず、それぞれのリコイル線（B_r における傾きを持つ）とパーミアンス線 p_i および p の交点である e 点と f 点に戻る。

図 5.11 は、ネオジム磁石において温度が上昇し、減磁特性が変化した様子を示す。20℃のときのパーミアンス線が p_1 とすると、BH 減磁曲線上の動作点は a_1 点、JH 減磁曲線上の b_1 点である。減磁界 H_a がかけられると、パーミアンス線 p_{1i} は H_a だけ平行移動し（p'_{1i}）、JH 減磁曲線上の動作点は c_1 点に移動する。BH 減磁曲線上の対応する動作点は d_1 点である。減磁界 H_a がなくなると、JH 減磁曲線および BH 減磁曲線上の動作は、それぞれのリコイル線とパーミアンス線の交点 b_1 点と a_1 点に戻る。

しかしながら、140℃のときのパーミアンス線を p_2 とすると、BH 減磁曲線上の動作点は a_2 点、JH 減磁曲線上の b_2 点である。減磁界 H_a がかけられると、パーミアンス線 p_{2i} は H_a だけ平行移動し（p'_{2i}）、JH 減磁

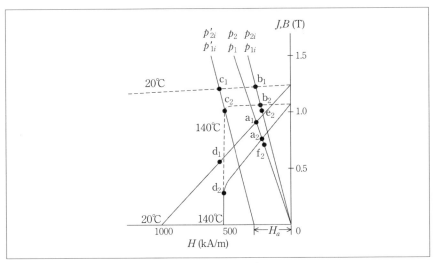

〔図 5.11〕ネオジム磁石の反磁界による減磁

曲線上の動作点は c_2 点に移動し、BH 減磁曲線上の対応する動作点は d_2 点となる。減磁界 H_a がなくなると、JH 減磁曲線および BH 減磁曲線上の動作は、それぞれのリコイル線とパーミアンス線の交点 e_2 点と f_2 点に戻る。このように、温度上昇により減磁曲線が屈曲点を持つ特性になると、外部磁界がかかって取り除かれると磁力が弱くなる不可逆減磁を起こしてしまう。

　したがって、外部磁界の影響は希土類磁石では動作温度の最高温度、フェライト磁石では最低点で検討しなければならない。

参考文献
(5-1) 小山純、樋口剛、エネルギー変換工学、朝倉書店 (2013)
(5-2) 榎本裕治他、国際高効率規格 IE5 レベルを達成したアモルファスモータ、日立評論、Vol.97、No.06-07、pp.50-55 (2015)
(5-3) 三谷宏幸、次世代磁性材料「磁性鉄粉」への期待、神戸製鋼技報、Vol.65、No.2、pp.12-15 (2015)
(5-4) 大川光吉、永久磁石回転機、総合電子出版社 (1978)

第6章

永久磁石モータの設計

第3章の「設計の概要」では、所要の出力・トルクを発生するのに必要な電流を基準に巻線設計等を進める方法を示したが、本章では、永久磁石同期モータ（PMSM）を設計する際に、モータ定数を用いてサーボ性能や温度上昇を考慮に入れて設計する方法を紹介する。さらに、出力特性の拡大やトルクリップルの低減を重視した設計方法等について詳細に説明する。

6.1　モータ定数の向上
6.1.1　PMSMのトルク速度特性 (6-1) (6-2)

　図6.1にサーボ用PMSMの等価直流機等価回路を、図6.2にそのトルク T －回転角速度 ω_m 特性を示す。R_a は電機子巻線抵抗、L_s は同期インダクタンスである。

　誘導起電力が、磁束鎖交数と角速度の積に比例し、誘導起電力と電源電圧の関係が図6.1のようになるため、ω_m は(6.1)式で与えられる。図6.2においてトルクが0のときの角速度を最大無負荷回転角速度 ω_{mM} と呼び(6.2)式で与える。これより、電源電圧 V が既定された場合、PMSMの誘起電圧定数 K_E が小さいほど ω_{mM} は大きくなることがわかる。

$$\omega_m = \frac{E}{K_E} = \frac{V - R_a I_a}{K_E} \quad \cdots\cdots\cdots\cdots\cdots\cdots\cdots\cdots\cdots\cdots\cdots\cdots \quad (6.1)$$

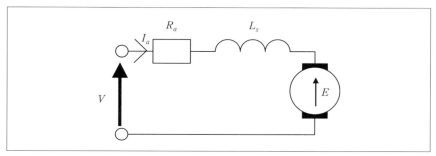

〔図6.1〕PMSMの等価直流機等価回路

$$\omega_{mM} = \frac{V}{K_E} \quad \cdots\cdots\cdots\cdots\cdots\cdots\cdots\cdots\cdots\cdots\cdots\cdots\cdots\cdots\cdots\cdots \quad (6.2)$$

PMSMのトルクTは磁束鎖交数と電流の積に比例するため、(6.3)式で表される。電源電圧Vが既定されると、図6.2における最大出力可能トルクT_Mは$\omega_m=0$におけるTとなり、(6.4)式で与えられる。

$$T = K_T I_a = K_T \left(\frac{V-E}{R_a} \right) \quad \cdots\cdots\cdots\cdots\cdots\cdots\cdots\cdots\cdots\cdots \quad (6.3)$$

$$T_M = K_T \left(\frac{V}{R_a} \right) \quad \cdots\cdots\cdots\cdots\cdots\cdots\cdots\cdots\cdots\cdots\cdots\cdots\cdots \quad (6.4)$$

ここで、K_Eとトルク定数K_Tは磁束鎖交数に比例し、速度が角速度で与えられると、両者は等しくなる。また、T-ω_m特性の傾き$\tan\theta_s$を内部制動定数と定めると(6.5)式で与えられる。

$$\tan\theta_s = \frac{K_T(V/R_a)}{V/K_E} \quad \cdots\cdots\cdots\cdots\cdots\cdots\cdots\cdots\cdots\cdots\cdots \quad (6.5)$$

6.1.2 モータ定数

モータ定数K_mは、特に、PMSMをサーボモータとして用いる際に留意すべき定数で、3.4節で述べたように、トルクを銅損の平方根で割っ

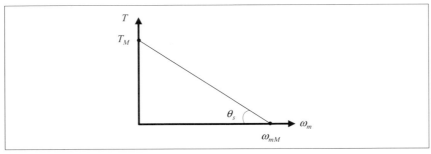

〔図6.2〕PMSM等価直流機のT-ω_m特性

た (6.6) 式で定義される。(6.5) 式と (6.6) 式より、K_m と内部制動定数 $\tan\theta_s$ の関係は (6.7) 式で与えられる。

$$K_m = \frac{T}{\sqrt{W_c}} \quad [\mathrm{N\cdot m}/\sqrt{\mathrm{W}}] \quad \cdots\cdots\cdots\cdots\cdots\cdots\cdots\cdots\cdots\cdots \quad (6.6)$$

$$\tan\theta_s = \frac{K_T(V/R_a)}{V/K_E} = \frac{K_E \cdot K_T}{R_a} = \frac{K_T^2}{R_a}\frac{I_a^2}{I_a^2} = \frac{T^2}{W_c} = K_m^2 \quad (6.7)$$

6.1.3 モータ定数と特性の関係

図 6.3 に、電機子巻線抵抗 R_a を変えて $\tan\theta_s$ を変化させた場合の、$T\text{-}\omega_m$ 特性の変化の様子を示す。モータ定数 K_m が大きい (R_a が小さい) モータは、$T\text{-}\omega_m$ 特性の傾斜角 θ_s が大きくなることがわかる。内部損失=0、つまり電機子巻線抵抗 R_a=0 の場合、$\tan\theta_s$ は∞となり、$T\text{-}\omega_m$ 特性は垂直になる。

このように、決められた電源容量の中で、$T\text{-}\omega_m$ 特性を向上するためには K_m の大きい PMSM を設計するとよいことがわかる。なお、R_a が 0 に近くなると、無限大に近いトルクが得られることになるが、実際は電源の電流容量に制限があるため（制限値を I_{mlim} と置く）、図に示すよう

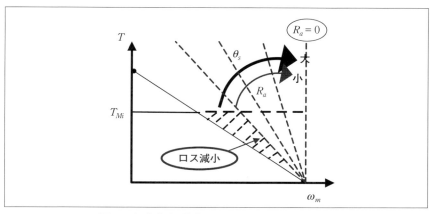

〔図 6.3〕内部制動定数と $T\text{-}\omega_m$ 特性との関係

に PMSM には最大トルク T_{Mi} が存在し、(6.8) 式で与えられる。

$$T_{Mi} = K_T \cdot I_{mlim} \quad \cdots\cdots\cdots\cdots\cdots\cdots\cdots\cdots\cdots\cdots\cdots\cdots\cdots\cdots \quad (6.8)$$

また前述のように、誘起電圧定数 K_E ($=K_T$) が小さく PMSM の最大無負荷回転角速度 ω_{mM} が大きい場合、T_M および T_{Mi} は小さくなる。つまり K_m が同じ PMSM においては、K_E、K_T の大小に関わらず T-ω_m 特性の出力面積 ($P_m = T \cdot \omega_m$) は一定となる。

以上のように PMSM の T-ω_m 特性は、K_m から $\tan\theta_s$ を求め、ω_{mM} および T_M、T_{Mi} を求めることができる。

また、K_m は (6.7) 式に示すように、$\tan\theta_s$ の平方根で求まる値である。$\tan\theta_s$ は、T-ω_m 特性の傾斜角 θ_s より求まり、内部損失が小さいモータ、つまり θ_s が大きいモータほど効率が高く、図 6.3 に示すように、出力可能領域が広くなる。6.7 節にこの考えに基づいた設計の流れを示す。

なお、以上の検討は等価直流機を用いて考察しているが、PMSM のような交流機の場合の T-ω_m 特性は、インダクタンス成分によるインピーダンス電圧降下があるため、図 6.4 のようになる。

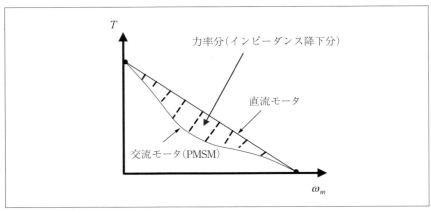

〔図 6.4〕PMSM における T-ω_m 特性(インピーダンス降下分考慮)

6.2 出力範囲の拡大

図 6.1 に示した PMSM の等価直流機モデルでは、永久磁石界磁であるため誘導起電力(逆起電力)E がモータ端子電圧と等しくなる回転角速度が最大無負荷回転角速度 ω_{mM} となる。したがって電源電圧 V と許容最大電流 I_{mlim} が既定された場合、その速度-トルク特性は一義的に決定される。

整流子とブラシの位置が機械的に決められた直流モータの場合は、上記のように決まるが、PMSM(交流モータ)の場合は、磁極センサの位置データをもとに、図 6.5 に示すように電流位相角 θ_r を逆起電力 E に対して電流位相角(進み角)制御を行うことで、図 6.6 に示すように、出力特性を拡大することができる。

図 6.6 に示す電流位相角制御時の角速度-トルク特性において、電流位相角を $0 \rightarrow 48\text{deg} \rightarrow 60\text{deg} \rightarrow 70\text{deg}$ と進め、弱め界磁電流 $-I_d$ を流すことで、界磁磁束が弱められ誘起電圧定数 K_E も小さくなるため、内部制動定数 $\tan\theta_s$ が小さくなる。これによりモータの最高回転速度は上がり、出力範囲は拡大する。

自動車駆動用モータ等では広い速度域を持つ機能が要求されるが、運転中に K_E を変化して出力範囲を拡大する能力を持つ、いわゆる定数可変モータが研究されており、第 8 章で紹介する。

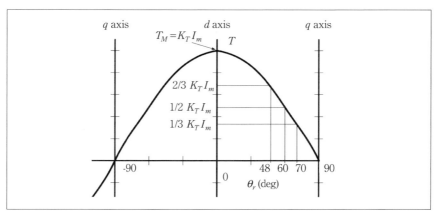

〔図6.5〕電流位相角(進み角)-トルク特性

6.3 トルク脈動の低減 (6-3)

　PMSM に発生する瞬時トルクは、図 6.7 に示すように脈動成分を含んでいる。定常回転時（回転速度の変動がまったくない場合）、この脈動成分はエネルギー収支に寄与しないが、起動特性の阻害、騒音、振動の

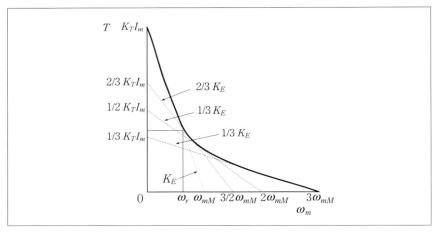

〔図 6.6〕電流位相角制御時の速度-トルク特性

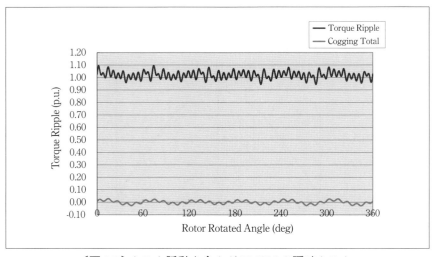

〔図 6.7〕トルク脈動を含んだ PMSM の瞬時トルク

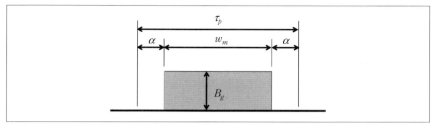

〔図6.9〕磁石磁束密度波形

ることにより、リップルトルクの低減が達成される。以下では、鎖交磁束の各高調波成分の低減方法についてまとめる。[6-4]

磁石幅：界磁磁石によるギャップ磁束の空間分布が、図6.9に示すように、磁石の厚みと幅にのみ依存すると仮定した場合、その空間分布の各高調波成分の磁石幅に対する依存特性は以下で与えられる。

$$k_{\varphi v} = \frac{4}{\pi} \left\{ \cos\left(\frac{v\pi\alpha}{\tau_p}\right) \right\} \quad \cdots\cdots (6.16)$$

ここで τ_p は磁石のポールピッチ、w_m は磁石幅、$\alpha=(\tau_p-w_m)/2$ である。

この特性を図6.10に示す。この図から、第5、7高調波成分の除去は、それぞれ磁石幅を $w_m=0.80\tau_p$、$0.86\tau_p$ に設計することにより達成されることがわかる。

電機子巻線の巻線方式：電機子巻線の巻線方式により、鎖交する磁束の高調波成分を調整することができ、各高調波成分の変化は巻線係数 k_{wv} により評価できる。

6.4　永久磁石界磁設計

第5章で述べたように永久磁石モータのギャップ磁束密度 B_g は、永久磁石の持つ磁気特性で決まる。磁石としては、主に、フェライト磁石、希土類磁石（ネオジム磁石）が用いられ、それぞれに適した磁気回路設計が必要である。アルニコ磁石は保磁力や最大エネルギー積が小さく、

$$\begin{aligned}
T &= \frac{D_g}{2} l k_w (\Phi_u i_u + \Phi_v i_v + \Phi_w i_w) \\
&= \frac{D_g}{2} l k_w \Bigg[\left\{ \sum_{\nu=1}^{\infty} \Phi_{m\nu} \cos[\nu(\omega t - \theta)] \right\} \cdot I_m \sin(\omega t) \\
&\quad + \left\{ \sum_{\nu=1}^{\infty} \Phi_{m\nu} \cos\left[\nu\left(\omega t - \frac{2\pi}{3} - \theta\right)\right] \right\} \cdot I_m \sin\left(\omega t - \frac{2\pi}{3}\right) \\
&\quad + \left\{ \sum_{\nu=1}^{\infty} \Phi_{m\nu} \cos\left[\nu\left(\omega t - \frac{4\pi}{3} - \theta\right)\right] \right\} \cdot I_m \sin\left(\omega t - \frac{4\pi}{3}\right) \Bigg] \quad \cdots\cdots (6.13) \\
&= \frac{3 D_g}{4} l k_w \Bigg\{ \sum_{\nu=2,5,8\cdots}^{\infty} \Phi_{m\nu} I_m \sin[(\nu+1)\omega t - \nu\theta] \\
&\quad - \sum_{\nu=1,4,7\cdots}^{\infty} \Phi_{m\nu} I_m \sin[(\nu-1)\omega t - \nu\theta] \Bigg\}
\end{aligned}$$

この式から、回転に寄与する電磁トルクの定数成分 T_0 は、

$$T_0 = \frac{3 D_g}{4} l k_w \Phi_{m1} I_m \sin\theta \quad \cdots\cdots\cdots\cdots\cdots\cdots (6.14)$$

となる。このことから、リップルトルクは、鎖交磁束における Φ_{m1} 以外の高調波成分に伴って発生することがわかる。

鎖交磁束の変化がd軸に関して対称であり、q軸上の零点に関して点対称である場合、(6.11) 式の鎖交磁束は、奇数次の高調波成分の級数和で表される。ゆえに (6.13) 式は

$$T = -\frac{3 D_g}{4} l k_w \sum_{\nu'=-\infty}^{\infty} \Phi_{m,6\nu'+1} I_m \sin[6\nu'\omega t - (6\nu'+1)\theta] \quad \cdots\cdots\cdots (6.15)$$

と書き直すことができる。ここで、$\nu=5, 11, \cdots$ に対して $\nu'=-(\nu+1)/6$、$\nu=1, 7, \cdots$ に対して $\nu'=(\nu-1)/6$ とし、$\Phi_{m,-\nu}=\Phi_{m,\nu}$ としている。この式から、リップルトルクには電気角に関して6の倍数次の高調波成分が含まれていることがわかる。

鎖交磁束において1と3の倍数を除いた奇数次の高調波成分を低減す

ここで、$\Phi_{m\nu}$ は鎖交磁束の第 ν 高調波成分の振幅、ω は回転角速度（電気角）、θ は d 軸を基準としたときの回転子位置（電気角）である。

この PMSM に以下に示す電機子電流を流すとする。

$$
\begin{aligned}
i_u &= I_m \sin(\omega t) \\
i_v &= I_m \sin(\omega t - 2\pi/3) \\
i_w &= I_m \sin(\omega t - 4\pi/3)
\end{aligned} \quad \cdots\cdots\cdots\cdots\cdots\cdots\cdots\cdots\cdots\cdots\cdots (6.12)
$$

ここで、I_m は電流の振幅である。

発生する電磁トルク T は、ギャップ部の直径 D_g とモータ長さ l、巻線係数 k_w を用いて、以下で与えられる。

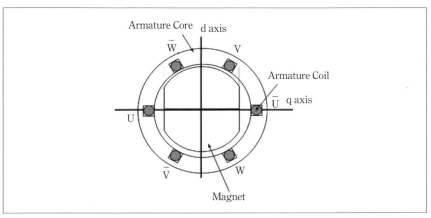

〔図 6.8〕PMSM における電機子巻線と磁石磁界モデル

原因となるため、低減する必要がある。

一般にトルク脈動は、コギングトルクとリップルトルクからなる。以下では、コギングトルクとリップルトルクの低減方法について説明する。

6.3.1　コギングトルク

電機子に設けられたスロットによって、ギャップ部におけるパーミアンスの周方向分布は一様ではない。そのため回転子位置によって、界磁磁石の磁束が変化し、コギングトルクが発生する。コギングトルク T_{cog} は、ギャップ磁気エネルギー W_g の回転子位置 θ に関する偏微分で与えられる。

$$T_{cog} = \frac{D_g}{2}\frac{\partial W_g}{\partial \theta} \quad\quad\quad\quad (6.9)$$

ここで、D_g はギャップ部の直径であり、ギャップ磁気エネルギーは

$$W_g = \int_v \frac{1}{2}B_g H_g dv = \int_v \frac{B_g^2}{2\mu_0}dv \quad\quad\quad\quad (6.10)$$

である。ゆえに、コギングトルクは、ギャップ磁束密度 B_g の2乗に比例し、高性能な界磁磁石を用いた場合、コギングトルクは増大する。

6.3.2　リップルトルク

PMSMのリップルトルクとは、ギャップ磁束 Φ と電機子電流 I_a の相互作用によって発生する電磁トルクの時間変動分（高調波成分）である。そのためここでは、電磁トルクの瞬時値からリップルトルクを求める。

図6.8のように、PMSMに配置された三相電機子巻線に鎖交する磁束 Φ_u、Φ_v、Φ_w が、以下で与えられるとする。

$$\begin{aligned}\Phi_u &= \sum_{\nu=1}^{\infty}\Phi_{m\nu}\cos[\nu(\omega t - \theta)]\\ \Phi_v &= \sum_{\nu=1}^{\infty}\Phi_{m\nu}\cos[\nu(\omega t - 2\pi/3 - \theta)] \quad\quad (6.11)\\ \Phi_w &= \sum_{\nu=1}^{\infty}\Phi_{m\nu}\cos[\nu(\omega t - 4\pi/3 - \theta)]\end{aligned}$$

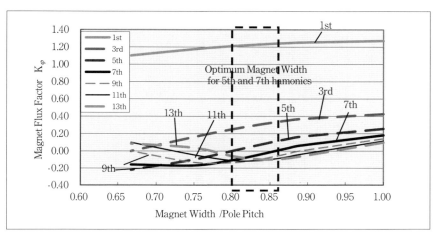

〔図 6.10〕磁石幅と磁束係数の関係

さらに、B-H 特性に屈曲点を有するため、自己減磁が起き磁気特性が低下することがある。したがって、アルニコ磁石を永久磁石モータに用いる場合、永久磁石ロータをステータに組み込んだ後に、着磁する必要がある。これに対して、フェライト磁石およびネオジム磁石では、永久磁石ロータを着磁した後、ステータに組み込むことが可能であり、磁気特性だけでなく、製造上の利点も大きい。本節では、永久磁石界磁設計を行う際の注意点を述べる。

6.4.1　耐熱減磁設計

　5.3 節で述べたように、たとえばネオジム磁石は、常温時と昇温時の磁気特性と磁石動作点が変化するため、温度上昇による熱減磁を考慮することが重要となる。電機子反作用が小さいスロットレス永久磁石モータではそれほど問題にならないが、一般のスロット付永久磁石モータでは、電機子反作用が大きく、常温では不可逆減磁がなくとも、昇温時に大きな電機子反作用が加わった場合に不可逆減磁を起こすことがあるため留意する必要がある。

6.4.2　磁石形状とトルクリップルの関係 [6-5]

　トルクリップル低減のためには、永久磁石形状をどのように設計する

かが重要になってくる。

前述したようにトルクリップルには、ギャップ磁束密度分布に含まれる空間高調波磁束により負荷時に発生するトルクリップル T_{sh} と、ギャップパーミアンス変化によるギャップ磁気エネルギーの変化により発生するコギングトルク T_{cog} とがある。

空間高調波磁束によるトルクリップル T_{sh} は、磁石幅 w_m と空間高調波磁束成分の関係と電機子巻線の巻線係数 k_w を考慮することで低減できる。またコギングトルク T_{cog} については、磁石幅 w_m も含めた磁石形状と電機子スロット開口部形状の最適化が必要となる。一般的には磁界解析シミュレーションによる最適化が効果的である。

表面磁石形 PM モータの界磁永久磁石形状には、図 6.11 に示すように、弓形形状とブロック形状がある。それぞれがつくるギャップ磁束密度の高調波解析を行うと、図 6.12 に示すように、図 6.11（a）の弓形形状にすることでギャップ磁束密度が正弦波に近づくことがわかる。このことは空間高調波磁束によるトルクリップル T_{sh} の低減にも有効である。

コギングトルク T_{cog} に関して、永久磁石モータの中でもスロットレスモータの場合では、双方の磁石形状において T_{cog} の発生はないが、スロットがある一般のモータの場合、ロータ回転時、ギャップ磁束の変化が滑らかな図 6.11（a）の弓形形状のほうが、T_{cog} およびそのばらつきが低減される。

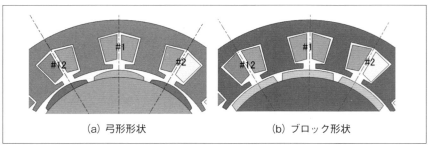

(a) 弓形形状　　　　　　(b) ブロック形状

〔図 6.11〕代表的な界磁永久磁石形状

〈1〉コギングトルク周期 ⁽⁶⁻⁶⁾

永久磁石モータのコギングトルク T_{cog} は、磁気的なアンバランスや磁気回路を構成する部分の機械的誤差の影響を受けてばらつきを持つ。モータの極数を p、電機子スロット数を Z とした場合、発生するコギングトルクは、スロットリップル T_s：

T_s = 最小公倍数 (p, Z)

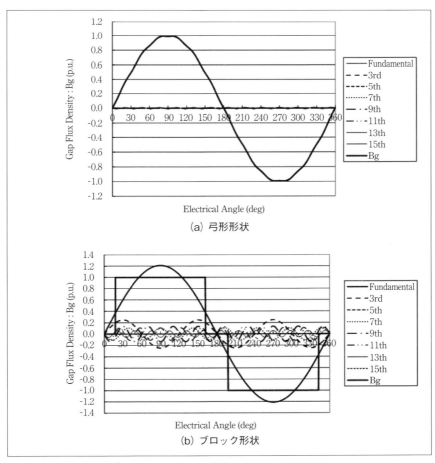

〔図6.12〕ギャップ磁束高調波解析結果

に加えて、2つのばらつき成分、すなわち①電機子に起因するコギングトルク T_{ca} と②界磁に起因する T_{cf} があり、これらは、ティースピッチを t_t、界磁磁石ピッチを τ_p、x を起動地点からの電機子変位位置とした場合、次式で近似される。

①電機子に起因するコギング T_{ca}

$$T_{ca} = T_{cam}\sin\left(2\pi \frac{x}{\tau_p}\right) \quad\quad\quad (6.17)$$

T_{cam}：電機子に起因するコギングトルクの最大値

②界磁に起因するコギング T_{cf}

$$T_{cf} = T_{cfm}\sin\left(2\pi \frac{x}{t_t}\right) \quad\quad\quad (6.18)$$

T_{cfm}：界磁部に起因するコギングトルクの最大値

つまりロータ1回転当たりのコギング周期に関して、電機子部の要因によるものはギャップを介して対するロータ（界磁）磁極数 p の周期となり、界磁部の要因によるものは反対に電機子スロット数 Z の周期となる。以下に、コギングトルクのばらつきについて述べる。

〈2〉コギングトルクのばらつき

コギングトルクのばらつきは、主に組立誤差と、材料特性のばらつきによる。表6.1に、その要因を示す。

コギング低減の検討において、磁気回路に関する誤差要因を考慮しな

[表6.1] コギングトルクのばらつき要因

ばらつき要因		項目
組み立て誤差	E1	電機子ティースピッチ誤差
	E2	界磁磁石ピッチ誤差
	E3	ギャップ長誤差
材料特性のばらつき	E4	磁石特性のばらつき
	E5	鉄心特性のばらつき

い磁界解析においては、コギングが0になる最適解が求まる。しかし、実際の製造段階では公差のないモータは作れないのであり、永久磁石モータを設計する上では、磁界解析による検討と同時に、ばらつき制限に対する設計公差の検討が重要となる。

ここでは、表面磁石形永久磁石モータにおいて、電機子鉄心をティース毎に巻線を施した後に一体化する場合の、組立誤差の影響について述べる。

上述のように、コギングのばらつきの主な要因として、組み立て時の電機子ティースピッチ t_t 誤差と界磁磁石ピッチ τ_p 誤差がある。そしてこれらの誤差によるコギングのばらつきと、図6.13に示すスロット開口部形状は強い関係を持つ。

図6.14に、スロット開口部がオープンスロットの場合とセミオープンスロットの場合について、あるモータの電機子ティースピッチの誤差量(mm)とコギング量を示す。

この結果のように制約するコギング量を同じにした場合、スロット開口部がオープンスロットの場合は、セミオープンスロットに対して、ティースピッチ精度を約2倍にする必要があり、コギングの低減に対しては、セミオープンスロット形状での設計が有効であることがわかる。

6.4.3 磁石形状と磁石減磁特性 [6-7]

永久磁石界磁を設計するに当たり検討すべきことに、磁石形状と磁石減磁特性の関係がある。

図6.15(a)は永久磁石が弓形形状の場合、同図(b)はブロック形状の

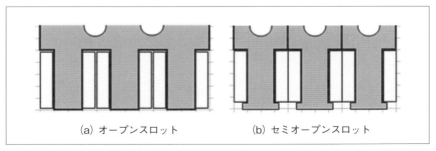

(a) オープンスロット　　　(b) セミオープンスロット

〔図6.13〕永久磁石モータの電機子スロット開口部形状

第6章◇永久磁石モータの設計

場合の、電機子電流による磁界とパーミアンス線を検討するための概念図である。図(a)に示す弓形形状の場合は、磁石両端部の厚みが図(b)ブロック形状に対して約1/2になってしまう。したがってパーミアンス線の傾きが小さくなり、図に示すように電機子電流による磁界が進入した場合、磁石両端部の減磁が大きくなることになる。

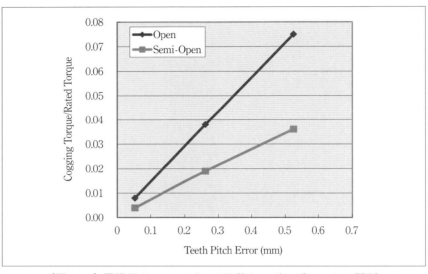

〔図6.14〕電機子ティースピッチ誤差とコギングトルクの関係

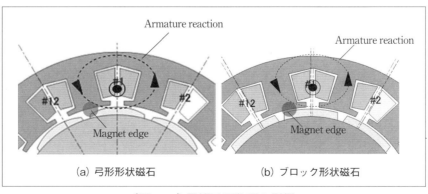

〔図6.15〕電機子反作用の影響

図6.16は、最大負荷時（最大電機子反作用時）の、永久磁石が弓形形状およびブロック形状の場合の磁石両端部の磁石動作点を B-H カーブ上に表記したものである。
　第5章で述べたように、B-H カーブ上の磁石パーミアンス係数 k_{pb} は (6.19) 式、J-H カーブ上磁石パーミアンス係数 k_{pj} は (6.20) 式で与えられる。磁石の可逆減磁とは J-H カーブ上で残留磁束密度 B_r から屈曲点

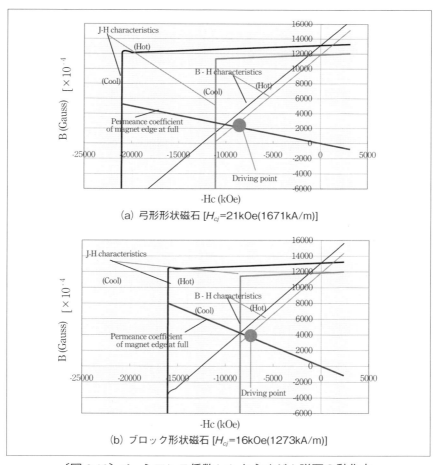

〔図6.16〕パーミアンス係数 kpb とネオジム磁石の動作点

範囲に k_{pj} がある状態であり、不可逆減磁とは k_{pj} が外れた状態にあることをいう。したがって磁石設計においては、(6.20) 式で計算される最大電機子反作用時の k_{pj} が、J-H カーブ上で残留磁束密度 B_r から屈曲点範囲にあるように設計する必要がある。

(6.21) 式は磁石動作点 B、PMSM においては磁気比装荷（ギャップ磁束密度）B_g の計算式を示している。

【B-H 上磁石パーミアンス係数：k_{pb}】

$$k_{pb} = \frac{B_m}{H_m} = -\mu_0 \frac{k_f}{k_r} \cdot \frac{h_m}{g} \quad \cdots\cdots\cdots (6.19)$$

k_f：漏れ係数、k_r：起磁力損失係数、h_m：磁石厚さ、g：ギャップ長

【J-H 上パーミアンス係数（無負荷）：k_{pj}】

$$k_{pj} = \frac{J}{H_m} = \frac{B_m - \mu_0 H_m}{H_m} = k_{pb} - \mu_0 \quad \cdots\cdots\cdots (6.20)$$

【磁石動作点：B_m】

$$B_m = B_g = \frac{k_{pb}}{k_{pb} + \mu_0} \cdot B_r \quad \cdots\cdots\cdots (6.21)$$

図 6.16 において、ネオジム磁石は、温度特性を持っているため低温時（Cool）および高温時（Hot）の J-H カーブ、B-H カーブが記載されており、温度が上昇すると特性は劣化する。したがって磁石の減磁特性を議論するには、Hot 状態での特性上となる。以下に磁石形状と磁石選定の関係について考察してみる。

界磁磁石の中でパーミアンス係数 k_{pb} が小さくなる部分は、図 6.15 の反磁界を受ける片方の端部になる（もう片端は、増磁作用となる）。同図 (a) の弓形形状の場合、同図 (b) のブロック形状に比べて磁石端部のギャップ長が大きくなりパーミアンス係数が $k_{pb} \fallingdotseq 0.25$ と小さくなるため、磁石固有の B-H カーブの屈曲点の保持力 H_{cj} 以上に磁石動作点を置くには、図 6.16 (a) に示すように保持力 $H_{cj} > 21\mathrm{kOe}(1671\mathrm{kA/m})$ の性能を

有する磁石を必要とする。これに対して図6.15 (b) のブロック形状は、同電機子反作用条件（過負荷条件）にてパーミアンス係数が $k_{pb} \fallingdotseq 0.5$ となり、磁石固有の $B\text{-}H$ カーブの屈曲点の保持力 H_{cj} 以上に磁石動作点を置くには、図6.16 (b) に示すように保持力 $H_{cj} > 16\text{kOe}(1273\text{kA/m})$ の性能を有する磁石で十分となる。

ここで、保持力 $H_{cj} > 21\text{kOe}$ の性能を有する磁石と、保持力 $H_{cj} > 16\text{kOe}$ の性能を有する磁石の相違点について述べる。

図6.17は、日立金属株式会社のネオジム磁石のカタログデータである[6-8]。横軸に保持力 H_{cj}、縦軸は残留磁束密度 B_r を示している。また同社 Nd-Fe-B 磁石製品（NMX-48F, -46F、NMX-43F, -42F、NMX-37F, -35F）については、重希土類元素ジスプロシウム（Dy）の含有量が表記されている。キュリー温度が高いサマリウムコバルト磁石に対して、これより最大エネルギー積 BH_{max} が高いネオジム磁石の唯一の弱点は、温度劣化特性に関して、サマリウムコバルトの保持力温度係数 $K_{HCj}[\%/\text{K}]$ が -0.15 に対して、ネオジムの場合 -0.60 と4倍以上大きい。つまり温度上昇があると、急激に H_{cj} 特性が劣化することになり、これを改善する

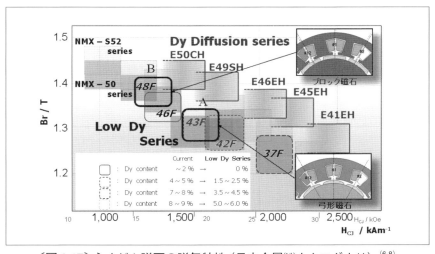

〔図6.17〕ネオジム磁石の磁気特性（日立金属㈱カタログより）[6-8]

ための添加剤として Dy を付加することが知られている。

　図 6.17 を見ると、弓形形状の場合で保持力 H_{cj}>21kOe の性能を有する磁石（たとえば日立金属製磁石 NMX-43F）の場合、Dy 含有率が 1.5%～2.5% であるが、ブロック形状の場合で保持力 H_{cj}>16kOe の性能を有する磁石（たとえば日立金属製磁石 NMX-48F）の場合、Dy 含有率を 0% とすることが可能になっている。

6.5　電機子巻線設計

　第 4 章で、電気回路設計について概説した。本節では永久磁石モータの電機子巻線設計について、詳細に述べる。

6.5.1　整数スロット巻線と分数スロット巻線[6-9]

　電機子巻線の設計のポイントは、6.3 節で述べたトルク脈動を抑えるために巻線鎖交磁束中の高調波を如何に低減するか、さらに銅損を抑え効率を向上するために如何にスロット内に配置する導体の占有面積を上げ、コイルエンドを短縮するかにある。

　巻線方式は、毎極毎相のスロット数 q に対して整数スロット巻線（Integer Slot Winding 以下 ISW と称す）と分数スロット巻線（Fractional Slot Winding 以下 FSW と称す）に分類され、主に、以下の 3 つのグループに分けられる。

①　$q \leq 1/2$：コイル飛び #1～#2
　　　分数スロット巻線：集中巻
②　$1/2 < q < 1$：コイル飛び #1～#3
　　　分数スロット巻線：分布巻
③　$1 \leq q$：コイル飛び #1～#4 以上
　　　整数スロット巻線または分数スロット巻線：分布巻

　ここで分数スロット巻線とは、次式のように電機子巻線のスロット総数 Z を、極数 p と相数 m で割った毎極毎相のスロット数 q が、分数となる巻線方式である。

$$q = Z/(mp) = a + c/b \quad (c/b：既約分数) \quad \cdots\cdots\cdots\cdots (6.22)$$

電機子スロット数 Z において、整数スロット巻線が偶数スロット数だけしか実現できないのに対して、分数スロット巻線は偶数、奇数どちらのスロット数でも実現可能である。3相機の場合、整数スロット巻線は1極対に対して $6n$（n は整数）スロット巻線配置構成の繰り返しで電機子巻線が構成されるのに対して、分数スロット巻線は、1極対に限らない任意の極対数に対して、$3n$ スロット巻線配置構成の繰り返しで構成される。したがって、分数スロット巻線の巻線はコイル間結線の選択自由度は少なくなるが、理論上スロット数が少なくなるのでコイル飛びが短く、かつ巻線の分布効果が大きくなるため、EMF 波形を改善できる利点を持つ。

　表 6.2 に、q を基準にした巻線方式の分類と例を示す。表では、整数スロット巻線 ISW と、分数スロット巻線 FSW についても分類している。ここで、ζ は磁極ピッチ τ_p に対する電機子コアからのコイルエンドオーバーハング長の比率で、γ は磁極ピッチ τ_p に対するコイルエンド周長である。また、図 6.18 に、各巻線方式におけるコイルエンド飛びとコイルエンド形状の概念図を示す。コイルエンド飛びが大きくなるに伴い、コイルエンド幅、コイルエンド長さが長くなることがわかる。よって、機器効率向上のためには、コイルエンド飛びを短く設計することが必要となることがわかる[6-10]。

6.5.2　高効率巻線設計例

　ここでいう高効率巻線とは、電機子巻線の磁束鎖交数が大きく、電機

〔表 6.2〕電機子巻線の分類と巻線例

巻線方式	集中巻	分布巻						
Case	L-1	L-2	L-3	L-4	L-5	L-6	L-7	L-8
q	$q<1/2$	$1/2<q<1$	$1<q<3/2$		$3/2<q<2$		$q<2$	
巻線方式	FSW	FSW	FSW	ISW	FSW	ISW	FSW	ISW
q（例）	2/5	4/5	6/5	1	8/5	2	12/5	3
$ab+c$	2	4	6	1	8	2	12	3
コイル飛び	1	3			4		5	7~9
ζ	0.6	1	1.5	1.5	2	2	3	3
γ	1.2	2	3	3	4	4	6	6

第6章◇永久磁石モータの設計

子巻線の非磁束鎖交部であるコイルエンド部が最短となる巻線方式のことを指す。これは前述した巻線方式の分類で言えば、① $q \leq 1/2$：コイル飛び#1〜#2となる集中巻分数スロット巻線（FSW）となる。近年では、この巻線方式を用いた電機子において、電機子コアをティースごとに分割し、材料歩留りと巻線のスロット内導体の占有面積を上げることで、低コスト化と高効率化を実現した永久磁石モータが増えてきている。

図6.19にその巻線例を示す。同図（a）は、毎極毎相のスロット数 q=2/5、10極/12スロット（偶数スロット）の電機子径方向断面図および後述するSlot Star Diagram、同図（b）は、q=3/10、10極/9スロット（奇数スロット）、同図（c）は、q=3/8、8極/9スロット（奇数スロット）の場合を示す。

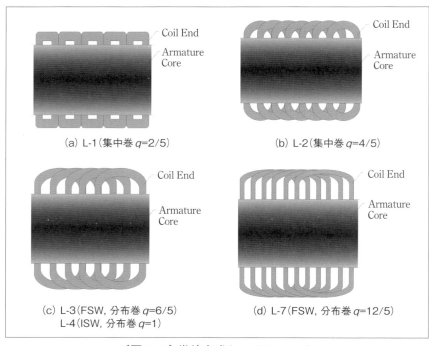

(a) L-1（集中巻 q=2/5）　　(b) L-2（集中巻 q=4/5）

(c) L-3（FSW, 分布巻 q=6/5）　　(d) L-7（FSW, 分布巻 q=12/5）
　　L-4（ISW, 分布巻 q=1）

〔図6.18〕巻線方式とコイルエンド

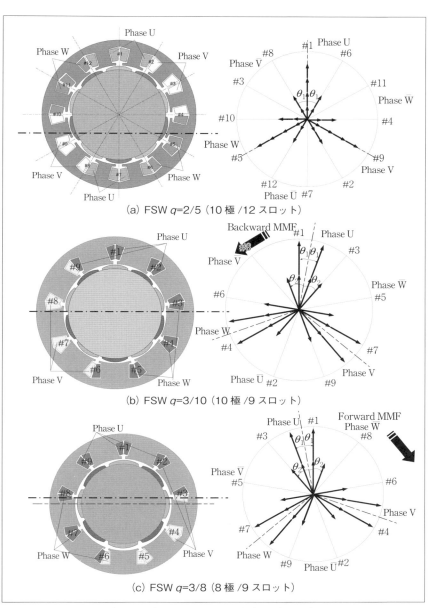

〔図 6.19〕分数スロット巻線例（$q<1/2$）

6.5.3 Slot Star Diagram [6-11]

ここで、Slot Star Diagramによる巻線解析の検討手順を紹介する。図6.19において、円周上の番号#は電機子スロット番号を示し、その番号はスロット電気角のピッチを表し、n極対(n：整数)が構成できる最小のスロット番号まで表記される。また円図は、電気角360度であり6相帯 (Phase Belt) に分割される。U相、V相、W相は、120度位相で配置され、各相の逆相帯は180度で配置されたものとなっている。この各相に割当てられるスロット数が分布効果となり、分数qの分子($=ab+c$)と同数となる。そして、この分布効果が大きいほど、EMFに含まれる高調波を小さく、延いては全高調波歪(Total Harmonic Distortion：以下THDと称す)特性を良好なものにできる。

【Slot Star Diagram 検討手順】

各スロット導体の6相帯 (Phase Belt) への割付を以下の手順で行う。

(1) 図6.19 (a) :10極/12スロットの場合

① 毎極毎相のスロット数：q

$$q = Z/(m \cdot p) = a + (c/b) = (ab+c)/b$$
$$q = 12/(3 \times 10) = 2/5 \qquad \cdots (6.23)$$

ここで　　　$(ab+c) = 2$ ---------- 分布効果を表す

$b = 5$ ---------- (コイル) グループ内極数

② Repeat 数：N_r

$$N_r = (p/\beta)/b$$
$$N_r = (10/2)/5 = 1 \qquad \cdots (6.24)$$

ここでβは、偶数スロット数の場合は$\beta=2$、奇数スロット数の場合は$\beta=1$である。

③ Slot Star 数：N_{sd}

$$N_{sd} = Z/N_r$$
$$N_{sd} = 12/1 = 12 \qquad \cdots (6.25)$$

④スロットピッチ角：θ_s

$$\theta_s = (p \cdot \pi)/Z$$
$$\theta_s = (10 \cdot \pi)/12 = (5/6)\pi = 150[\text{deg}] \quad \cdots\cdots\cdots\cdots\cdots (6.26)$$

⑤コイル飛び角：θ_{ct}

$$\theta_{ct} = (\#x - 1)\theta_s$$
$$\theta_{ct} = (2-1) \times 150[\text{deg}] = 150[\text{deg}] \quad \cdots\cdots\cdots\cdots (6.27)$$

ここで、$\#x$ はコイル飛びである。

⑥ Group 数：N_g

$$N_g = p/b$$
$$N_g = 10/5 = 2 \quad \cdots\cdots\cdots\cdots\cdots\cdots\cdots\cdots (6.28)$$

検討順序は、まず(6.23)式から毎極毎相のスロット数 q を求めた後、(6.24)式から Repeat 数 N_r を求める。これは、Slot Star Diagram の繰り返し回数を表し、極対数（$p/2$）を、前記 q の分母、つまり（コイル）グループ内極数 b で割った値となる。これより(6.25)式のように、電機子スロット数 Z を Repeat 数 N_r で割ったものが Slot Star 数 N_{sd} となる。そして(6.27)式からコイル飛び角 θ_{ct} を求め、この角度で各スロット番号 $\#N$（$\#1$······$\#N_{sd}$）を割付けていく。最後に全スロット割付が終わった Slot Star Diagram を、前記（U, u, V, v, W, w）6 相帯（Phase Belt）に等分することで、各スロットが帰属する相帯が決まる。10 極/9 スロットについても同様の検討を行った結果が図 6.19（b）の Slot Star Diagram になる。

上記検討結果をまとめたものを表 6.3 に示す。

巻線例を比較すると奇数スロットの場合、分布効果（$ab+c$）を大きくできることで、EMF 波形が改善されトルクリップルの低減が容易になるが、グループ数 N_g が少なくなるため、コイルグループ間接続方法の自由度がなく、電源とのインピーダンス整合がとりにくい等の課題がある。

6.5.4　Slot Star Diagram による起磁力解析

前記各相帯に配置された各コイル導体に誘起する起電力（EMF）ベクトルを、図 6.19 の Slot Star Diagram の中に表示している。この EMF ベクトル分布から巻線係数 k_w、そして、各電機子巻線の高調波低減能力を推し量ることができる。

巻線例（a）、(b) の EMF ベクトル分布について考察する。双方とも毎極毎相のスロット数 $q<1/2$ であるため集中巻となる。分布効果 $(ab+c)$ が図 (a) では $q=2$、図 (b) では $q=3$ 相当であるため、図 (a)、(b) の Slot Star Diagram 中に示すようなベクトル分布になる。また、各相内に割付けられるスロット数（ただし 180 度対称ベクトルは除く）が分布効果 $(ab+c)$ を表し、ベクトル分布は起磁力分布（MMF）の状態をも表している。したがって両図の起磁力分布は異なったものになっており、その各相当たりの EMF ベクトル本数から、図 (b) $q=3/10$ の巻線方式が図 (a) $q=2/5$ に比べ分布巻効果が高く、起磁力分布中の高調波成分が小さいと推測できる。

さらに Slot Star Diagram から次のことも解析できる。図 (b) に示す電機子巻線構成は、10 極 /9 スロットを示すが、図 (c) に示す 8 極 /9 スロットも実現可能である。この事項について以下に解説する。

図 6.20 に 10 極 /9 スロットおよび 8 極 /9 スロットの電機子巻線構成

〔表 6.3〕Slot Star Diagram 変数値

No.	変数		記号	巻線例 (a)	巻線例 (b)	巻線例 (c)
—	相数		m	3		
—	極数		p	10		8
—	スロット数		Z	12	9	9
①	毎極毎相のスロット数	q		2/5	3/10	3/8
		a		0	0	0
		b		5	10	8
		c		2	3	3
②	Repeat 数		N_r	1	1	1
③	スロットベクトル数		N_{sd}	12	9	9
④	スロットピッチ角		θ_s[deg]	150	200	160
⑤	コイル飛び角		θ_{cl}[deg]	150	200	160
⑥	コイルグループ数		N_g	2	1	1

図（展開図）を示す。図 6.21 は、これに 3 相平衡電流の、U 相電流ピークの瞬時値における電機子起磁力波形を示す。そして図 6.22 は、図 6.21 に示す起磁力波形の FFT 解析結果を示している。

この FFT 解析データを見ると、高調波の 4 次成分と 5 次成分、つまり 8 極と 10 極の起磁力成分が主要成分を占めていることがわかる。また図 6.22 は、振幅値データのみを示し、その位相関係を表していないが、4 次成分、5 次成分には π の位相差がある。したがって図 6.23 に示すように、電機子に 3 相交流電流が印加された場合、4 次（8 極）起磁力成分が順方向の移動磁界になるのに対して、5 次（10 極）起磁力成分は逆方向の移動磁界となることがわかる。

このことは、図 6.19（b）、(c) に示す 10 極/9 スロット、8 極/9 スロットの Slot Star Diagram からも説明ができる。同図（b）10 極/9 スロットの場合、前述する手順により各電機子スロットに 3 相電機子コイル配置

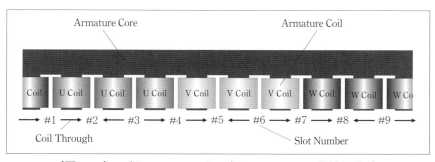

〔図 6.20〕10 極/9 スロットと 8 極/9 スロットの電機子巻線

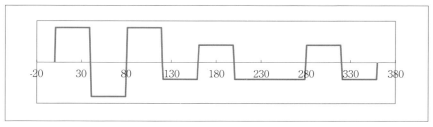

〔図 6.21〕10 極/9 スロットと 8 極/9 スロットの起磁力波形

第6章 ◇ 永久磁石モータの設計

していくとコイル飛び角 θ_{ct} は200度となり、図示する Slot Star Diagram のようになるのだが、コイル飛び角 θ_c >180度の Over Pitch になるためコイル配置順は逆方向回りになる。これは、3相電流印加時、図中の回転起磁力が逆方向に回転することを意味している。

これに対して同図（c）に示す8極/9スロットの場合、同手順により各電機子スロットに3相電機子コイルを配置していくと、コイル飛び角 θ_{ct} は160度となり、図示する Slot Star Diagram のようになる。これを

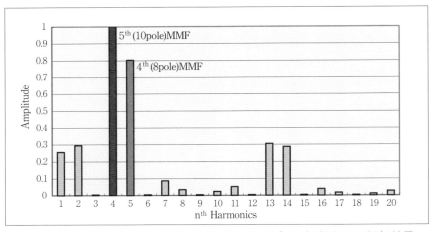

〔図6.22〕10極/9スロットと8極/9スロットの起磁力波形 FFT 解析結果

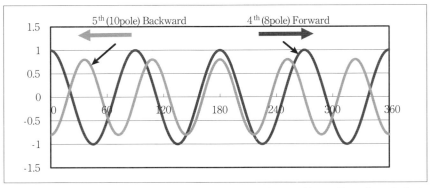

〔図6.23〕10極/9スロットと8極/9スロットの起磁力第4、第5高調波波形

見るとコイル飛び角 θ_c<180 度の Short Pitch になるため、コイル配置順は順方向回りになる。

このように PMSM において、3 相電機子巻線に通電して生じる起磁力には、いくつかの回転起磁力成分があり、図 6.20 の電機子巻線例では 5 次（10 極）および 4 次（8 極）成分が大きく、この起磁力次数（極対数）に合った極数のロータを対応させることで実現可能となる。

6．5．5　Slot Star Diagram による巻線係数 k_w の導出

次に Slot Star Diagram を用いた巻線係数 k_w 導出に関して解説する。第 4 章で述べたように、巻線係数 k_w は、磁束が電機子巻線に鎖交して誘起される起電力（EMF）E を求める上で必要であり、特にトルクリップルの要因である起磁力（MMF）や EMF 中の高調波成分解析には、この高調波次数に対する高調波巻線係数 $k_{w\nu}$ が重要である。（ここで $\nu=2n-1$、n は自然数）

(i) EMF:E_ν

高調波次数が ν のときの EMF は、(6.29) 式で表される。

$$\begin{aligned}E_\nu &= \omega\cdot\Psi\\ &= \omega\cdot k_{w\nu}\cdot N\cdot\Phi_m\\ &= \omega\cdot k_{w\nu}\cdot k_{\varphi\nu}\cdot N\cdot B_m\cdot S_g\\ &= \omega\{k_{p\nu}\cdot k_{d\nu}\cdot k_{\varphi\nu}\}\cdot N\cdot B_m\cdot S_g\end{aligned}$$

ここで、Ψ：磁束鎖交数(EMF定数)、 ω：回転角速度、

Φ_m：磁束、 B_m：磁束密度、S_g：ギャップ磁束面積、

$k_{\phi\nu}$：界磁磁束係数、$k_{p\nu}$：短節巻係数、$k_{d\nu}$：分布巻係数、N：巻数
…(6.29)

(6.29) 式から、THD の要因となる EMF の各高次高調波成分を求めるには、$k_{p\nu}$、$k_{d\nu}$、および界磁磁束係数 $k_{\varphi\nu}$ を求める必要があることがわかる

(ii) 巻線係数 $k_{w\nu}$

第 4 章で、短節巻係数 $k_{p\nu}$、分布巻係数 $k_{d\nu}$、巻線係数 $k_{w\nu}$ の導出方法を示したが、ν を高調波次数、%$Pitch$ をコイルのピッチ角 / 極ピッチ角

とすると、それぞれ以下のようになる。

$$k_{p\nu} = \sin(\nu \frac{\pi}{2} \times \%Pitch) \quad \cdots\cdots\cdots\cdots\cdots\cdots\cdots\cdots\cdots (6.30)$$

$$k_{d\nu} = \frac{\sin(\nu \times 30°)}{(ab+c)\sin(\nu \times \frac{30°}{ab+c})} \quad \cdots\cdots\cdots\cdots\cdots\cdots (6.31)$$

$$k_{w\nu} = k_{p\nu} \cdot k_{d\nu} \quad \cdots\cdots\cdots\cdots\cdots\cdots\cdots\cdots\cdots\cdots\cdots (6.32)$$

ここで、(6.30) 式、(6.31) 式から巻線係数を求める際の条件は、電機子巻線が等ピッチの場合に限る。仮に EMF の高調波成分やコギングを低減する目的で、PMSM の電機子巻線を不等ピッチにした場合等には、巻線係数 $k_{w\nu}$ を (6.30) 式、(6.31) 式から求めることはできない。このような場合には、以下に示すような Slot Star Diagram から巻線係数 $k_{w\nu}$ が求められる。

(ⅲ) Slot Star Diagram による巻線係数 $k_{w\nu}$ の導出

ここでは、図 6.19 (a) に示す $q=2/5$ (10 極 /12 スロット) の Slot Star Diagram から巻線係数 $k_{w\nu}$ を導出する。

Slot Star Diagram から求める巻線係数 $k_{w\nu}$ の一般式を (6.33) 式に示す。

$$k_{w\nu} = \frac{AC_1 \times \cos(\nu \cdot \theta_1) + AC_2 \cos(\nu \cdot \theta_2) + AC_3 \cos(\nu \cdot \theta_3) \cdots + AC_n \times \cos(\nu \cdot \theta_n)}{AC_1 + AC_2 + AC_3 \cdots AC_n}$$
$$\cdots (6.33)$$

ここで $\theta_1, \theta_2, \theta_3, \cdots, \theta_n$ は、各相起磁力ベクトル中心軸と各コイル起磁力ベクトルの位相(電気角)を示す。また、$AC_1, AC_2, \cdots, AC_n$ は電気装荷である。

たとえば、10 極 /12 スロット (等ピッチ) の場合、(6.34) 式のようになる。

$$k_{w\nu} = \frac{AC_1 \times \cos(\nu \cdot \theta_1) + AC_2 \cos(\nu \cdot \theta_2)}{AC_1 + AC_2} = \frac{AC_1 \times \cos(0°\nu) + 2 \times AC_2 \times \cos(30°\nu)}{AC_1 + 2 \times AC_2}$$
$$= \frac{4 \times \cos(0°\nu) + 2 \times 2 \times \cos(30°\nu)}{4 + 2 \times 2} = \frac{1}{2}\{1 + \cos(30°\nu)\} \quad \cdots (6.34)$$

表 6.4 に (6.32) 式および (6.34) 式から求めた、基本波および各高調

波巻線係数 k_{wv} と $w_m=0.8\tau_p$ の磁石形状における (6.16) 式から求めた磁束係数 $k_{\varphi v}$、そして EMF 波形における基本波および高調波係数 k_e を示す。磁石幅を $w_m=0.8\tau_p$ とすることで、EMF の 5 次高調波をなくすことができ、また 7 次高調波は $q=2/5$ にすることにより大きく低減（巻線係数 $k_{w7}=0.067$) できている。

6.5.6 モータ形状と評価関数の関係

6.1 節で示したモータ定数 K_m をモータ容積 V で割った値 K_m/V およびトルク T をモータ容積 V で割った値 T/V を評価関数とし、巻線方式の違いと評価関数の関係を示す。

表 6.2 に示す極数 $p=10$ における FSW、ISW 各巻線方式について、図 6.24 は K_m/V 最大、また図 6.25 は、T/V 最大で最適設計したときの機器体格 L_t/D_o と評価関数の関係を示している。ここで、L_t はコイルエンド長 L_e も含んだモータ全長、D_o は電機子直径である。

表 6.2 に示す各巻線方式の中で、検討例として挙げたものは、
① L-1：$q=2/5$、10 極 /12 スロット（FSW 集中巻 コイル飛び #1～#2）
② L-2：$q=4/5$、10 極 /24 スロット（FSW 分布巻 コイル飛び #1～#3）
③ L-4：$q=1$、10 極 /30 スロット（ISW 分布巻 コイル飛び #1～#4）
④ L-5：$q=8/5$、10 極 /48 スロット（FSW 分布巻 コイル飛び #1～#5）
⑤ L-8：$q=3$、10 極 /90 スロット（ISW 分布巻 コイル飛び #1～#8）
の 5 種類である。コイルエンド設計条件 ζ および γ は、巻線方式とそのコイル飛びに大きく関係しており、図 6.24、図 6.25 は、コイル飛びが短い巻線方式では、ζ、γ が表 6.2 に示すように小さくなることで小型・

〔表 6.4〕10 極、12 スロット（$q=2/5$）巻線の巻線係数と誘起電圧定数

Harmonic Order	Winding Factor k_w	Magnet Flux Factor k_φ ($w_m=0.8\tau_p$)	EMF Wave Form Factor k_e
1	0.933	1.211	1.130
3	0.500	0.249	0.125
5	0.067	0.000	0.000
7	0.067	0.107	−0.007
9	0.500	−0.135	−0.067
11	0.933	−0.110	−0.103
13	0.933	−0.058	−0.054

第6章 ◇ 永久磁石モータの設計

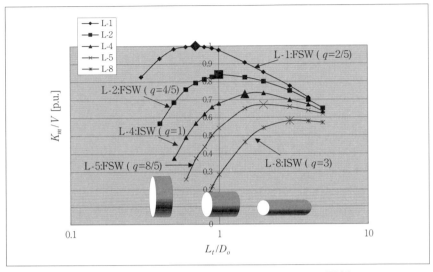

〔図 6.24〕K_m/V 最大設計時の L_t/D_o と K_m/V の関係

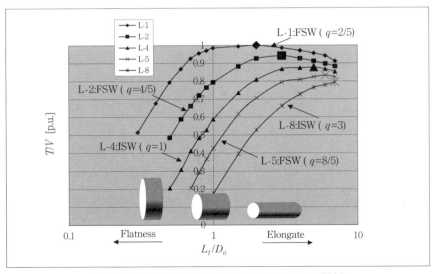

〔図 6.25〕T/V 最大設計時の L_t/D_o と T/V の関係

高効率になることを示している。L-1、L-2 の FSW と L-4 の ISW を比較すると、FSW は、少ないスロット数 Z の条件下で、評価関数の最適値が大きく、さらには分布係数も大きい。これにより、PMSM のトルクリップルも小さく、高精度化が可能となる。K_m/V 最大、T/V 最大の条件における PMSM の最適設計検討結果と、さらには図 6.26 に示すような、モータ極数を変えた場合の K_m/V 最大の最適設計検討結果から、一般的に PMSM では多極化設計を行うことでの小型化の優位性がある。したがって、少数スロットにて多極設計が可能な FSW の、ISW に対する優位性が明らかとなった。

また、一般的な整数スロット巻線と、同一極数においてスロット数を低減できる分数スロット巻線を比較した場合、巻線作業の際、コイルエンドの機械的な干渉が小さくなる分数スロット巻線のほうが、整数スロット巻線より L_t/D_o が小さい、いわゆる扁平形状に最適点を持つ結果となっている。特に集中巻となる毎極毎相のスロット数 $q<1/2$ となる分数スロット巻線では、巻線占積率の向上、コイルエンド長の短縮から、K_m/V の最適点数値が他の巻線方式に比べて大きくなることがわかる。

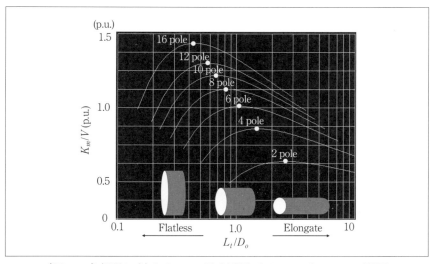

〔図 6.26〕極数に対する K_m/V 最大設計時の L_t/D_o と K_m/V の関係

6.6 SPMSMとIPMSMの特性と応用例 (6-12)
6.6.1 ロータ構造と定出力特性の関係

周知の如く直流機は、永久磁石界磁方式以外の界磁巻線構造では、直巻、分巻、複巻方式で、モータの基本特性（定トルク、定出力、2乗逓減トルク特性）を実現することができる。反面、整流子を有するため、ブラシ摩耗の摩耗粉ダストやメンテナンスの必要性等の課題を有し、適用機器の精度、生産性等のニーズから次第に交流機に移行した。このような直流機の性能（出力特性）を受け継ぐべく交流機においては、駆動装置での速度制御性能の改善が行われてきた。また電磁構造においても、図6.27に示すような表面磁石形PMモータ（SPMSM）、シンクロナスリラクタンスモータ（RM）、誘導モータ（IM）を基本構造とした交流機と、その組み合わせを行うことでギャップワインディングモータ（GWM）、埋め込み磁石形PMモータ（IPMSM）、誘導同期モータ（ISM）等の派生構造が提案、研究されてきた。表6.5に交流モータ構造と出力特性の関係を示す。

6.6.2 SPMSMとIPMSMの応用例 (6-13)

表6.6は、PMモータ、発電機の持つ主要性能を生かした用途を表し

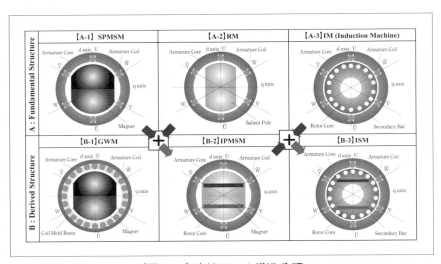

〔図6.27〕交流モータ構造分類

〔表6.5〕交流モータ構造と出力特性

モータ構造		定トルク特性	定出力特性	自起動特性
A-1	SPMSM	◎	×	×
A-2	RM	○	◎	×
A-3	IM	○	○	◎
B-1	GWM	◎	×	×
B-2	IPMSM	○	◎	×
B-3	ISM	○	○	○

〔表6.6〕PMモータ、発電機の応用例

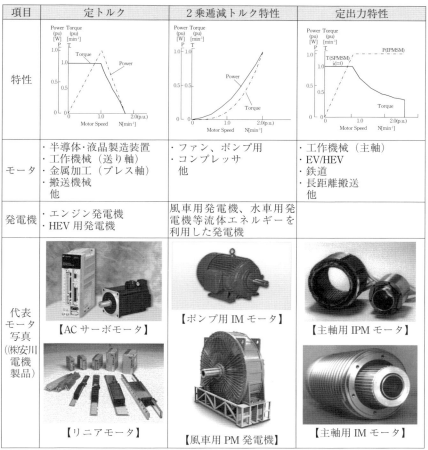

EV:Electric Vehicle、HEV:Hybrid Electric Vehicle

たものである。このようにアプリケーションにおけるモータ、発電機の出力特性は、定トルク特性、定出力特性、2乗逓減トルク特性のいずれかとなる。

永久磁石モータは界磁磁束が一定であるため基本的には定トルク特性を必要とする用途に用いられる。その用途は、最大トルクで最大速度まで加減速を行うサーボ用途が多く、主に位置決めを目的とした機器に用いられる。またファン・ポンプ負荷特性（2乗逓減トルク特性）においても、PMSMは、高効率・省エネの特徴を生かした用いられ方をしている。小型機では、家庭用エアコン、工場用コンプレッサ、そして最大級のものでは大型風力発電が主な適用事例がある。

近年、永久磁石をロータコアに埋設させることで、突極性や逆突極性を持たせ、ドライブ側での電流位相をベクトル制御することで、磁石トルクにリラクタンストルクを重畳させるIPMSMがその市場性を高めている。

6.7 永久磁石モータの設計例

これまでに述べた設計指針に基づいた永久磁石モータの設計事例を以下に示す。設計例として、表6.7、表6.8に示す仕様と主要諸元にて10pole、12slotの永久磁石モータを設計する。また、設計パラメータを図6.28に示す。

本節の設計では、与えられた仕様で許容しうる銅損、すなわちモータ

〔表6.7〕永久磁石モータ　設計仕様

定格出力		P_{rate}	W	1,500
定格回転速度		n_{rate}	rpm	1,500
定格トルク		T_{rate}	N-m	9.55
最大トルク		T_{max}	N-m	28.9
無負荷回転速度		n_0	rpm	3,000
冷却構造		—	—	全閉自冷
界磁磁石最大エネルギー積		BH_{max}	kJ/m^3	318
駆動電源	電圧（線間）	V	V	200
	制御方式	磁極検出器を用いた等価直流機制御		

電機子抵抗 R_a から求まる。

$$I_{MAX} = \frac{V_p}{R_a} = \frac{(200/\sqrt{3})}{0.197} = 586 \text{A} \quad \cdots\cdots\cdots\cdots\cdots (6.39)$$

実際は、逆起電力がモータ電流速度、磁石の温度減磁特性から、このように電流を通電することはできないが、本数値は、PMモータの軸動速度ートルク特性（N-T特性）を初期の上で求める必要がある。

4. 運転最大拘束トルク：T_{MAX}
電流 I_{MAX} における トルクは、

$$T_{MAX} = K_T \cdot I_{MAX} = 0.735 \times 586 = 431 \text{N}\cdot\text{m} \quad \cdots\cdots\cdots\cdots (6.40)$$

よって、運転過負荷率は

$$\frac{T_{MAX}}{T_{rate}} = \frac{431}{9.55} = 45.1 \text{倍}$$

となる。この倍率を見てもわかるように、モータの機動回路には、適切な保護装置を設ける必要があることがわかる。

5. 定格電流：I_{rate}
定格トルク時の電流は、$T_{rate} = K_T \cdot I_{rate}$ から、

$$I_{rate} = \frac{T_{rate}}{K_T} = \frac{9.55}{0.735} = 13.0 \text{A} \quad \cdots\cdots\cdots\cdots (6.41)$$

6. 最大トルク：T_{max}
ここで言う最大トルク T_{max} は、サーボモータの場合、有名な最大加速トルクが決められることが多く、本機器では定格トルクの300%とする。

$$T_{max} = 300\% \times T_{rate} = 3 \times 9.55 = 28.7 \text{N}\cdot\text{m} \quad \cdots\cdots\cdots (6.42)$$

7. 最大電流：I_{max}
よって最大トルク T_{max} 時の電流 I_{max} は、

$$K_m = \frac{T_{rate}}{\sqrt{W_c}} = \frac{9.55}{\sqrt{100}} = 0.955$$

(3) 内部制御角度：$\tan\theta$

(6.7)式から入力制御角度および $T-\omega$ 特性の傾斜角は，

$$\tan\theta_s = K_m^2 = 0.955^2 = 0.912, \quad \theta_s = \tan^{-1}0.912 = 42.4 \text{ deg}$$

(4) 誘起電圧定数／相：K_e

最大有効回転角速度を $\omega_{mM} = 300\% \times \omega_{rate}$ とすると，相電圧 V_p は，

(6.2)式より

$$V_p = \frac{\sqrt{3}}{\sqrt{3}} \cdot K_e \cdot \omega_{mM} = 3 \cdot K_e \cdot \omega_{rate}$$

となって，相当たりの誘起電圧定数は，

$$K_e = \frac{V}{3\sqrt{3} \cdot \omega_{rate}} = \frac{200}{3\sqrt{3} \cdot 50\pi} = 0.245$$

(5) トルク定数：K_T

よって，三相永久磁石モータのトルク定数は，

$$K_T = 3 \cdot K_e = 3 \times 0.245 = 0.735 \quad \cdots\cdots\cdots\cdots\cdots\cdots (6.37)$$

(6) 電機子巻線抵抗：R_a

(6.7)式より、電機子巻線抵抗は以下の式で求められる。

$$K_m = \frac{T}{\sqrt{W_c}} = \frac{K_T \cdot I_a}{\sqrt{3 \cdot R_a \cdot I_a^2}} = \frac{K_T}{\sqrt{3}\sqrt{R_a}}$$

$$R_a = \frac{1}{3}\left(\frac{K_T}{K_m}\right)^2 = \frac{1}{3}\left(\frac{0.735}{0.955}\right)^2 = 0.197 \, \Omega \quad \cdots\cdots (6.38)$$

3. 連続最大拘束電流：I_{MAX}

連続最大拘束電流とは、1相当たりの最大モータ端子電圧 V_p と、電

計測値の計算から出発し、モータ定数 K_m、トルク定数 K_T を求め、モータ出力特性（最大有効回転角速度 ω_{mM}、拘束（理論最大）トルク T_d を考慮して、電機子巻線抵抗 R_a を計算する。次に、R_a の値から巻線を入力として、以下に二つの手順を示す。

【設計手順】

1. モータ損失測定値：W_c

   一般的にモータの大きさを決定するには、モータの冷却能力により決まる。ここでは、まずモータ損失測定値 W_{to} を求める。
   モータ損失測定値 W_{to} は、熱伝達関係数 α、排熱温度上昇を θ、モータ表面積を S とすると、次式で与えられる。

$$W_{to} = \alpha \cdot \theta \cdot S \quad \cdots\cdots\cdots\cdots\cdots\cdots\cdots\cdots (6.35)$$

   この装置では、$\alpha = 10 W/(m^2 \cdot {}^\circ C)$、$\theta = 100 deg$、$S = 0.14 m^2$ とするとモータ損失測定値 W_{to} は次のように求まる。

$$W_{to} = \alpha \cdot \theta \cdot S = 10 \times 100 \times 0.14 = 140 W$$

   ここで測定値 W_c と損失値 W_t の比率を、$W_c:W_t = 7:3$ と仮定した。
   モータ損失測定値 W_c は、

$$W_c = 100 W$$

   となる。

2. モータ定数と電機子巻線抵抗

   (1) 定格トルク：T_{rate}

   定格出力 $P_{rate} = 1,500 W$、$\omega_{rate} = 2\pi \times 1,500/60 = 50\pi rad/s$ より、定格トルクは、

$$T_{rate} = \frac{P_{rate}}{\omega_{rate}} = \frac{1,500}{50\pi} = \frac{\omega_{rate}}{30} = 9.55 N \cdot m \quad \cdots\cdots\cdots\cdots (6.36)$$

   (2) モータ定数：K_m

   (6.6) 式より、モータ定数は、

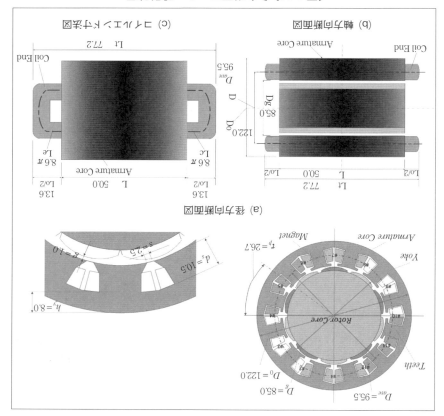

[図 6.28] 永久磁石モータ 設計諸元

[表 6.8] 電磁設計諸元

電機子コア外径	D_o	mm	122.0
キャップ径	D_R	mm	85.0
電機子コア長	L_{net}	mm	50.0
電機子スロット数	Z		12
モータ極数	p		10
鋼板種類			F種

$$I_{max} = 300\% \times I_{rate} = 3 \times 13.0 = 39.0 \text{ A}$$

つまりは、本モータを駆動するには、最大電流 I_{max}=39.0A の駆動電源を必要とすることになる。この最大電流で加減速駆動する場合、駆動装置のパワー素子の冷却特性、およびモータの冷却特性を考慮する必要があり、パワー素子、モータ巻線の温度を直接測定する。また、ある駆動パターン時の電流量を積算して温度推定を行うことで温度保護をかける際に、本設計値は必要となる。

8. ギャップ磁束密度：B_g

ギャップ磁束密度 B_g を計算するには、磁石形状とスロット開口部のギャップ磁束密度 B_g への影響を考慮する必要がある。

これには、磁気回路設計を行う際に、スロット部における磁束の分布（歪み）を考慮するためにギャップ長 g=1mm を（3.31）式に示したカーター係数を用いて補正する [6-14]。ここで、開口部幅を s=2.5mm とする。

(1) カーター係数：k_c

$$k_c = \frac{t_s}{t_s - \gamma \cdot g}$$

$$\gamma = \frac{(s/g)^2}{5+(s/g)} = \frac{(2.5/1.0)^2}{5+(2.5/1.0)} = 0.833 \quad \cdots\cdots\cdots\cdots\cdots\cdots (6.43)$$

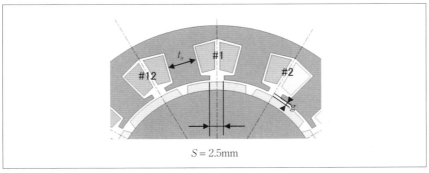

〔図 6.29〕PM モータ断面

ここで、スロットピッチ t_s は、

$$t_s = \frac{\pi \cdot D_g}{Z} = \frac{85.0\pi}{12} = 22.3 \text{ mm}$$

$$\therefore k_c = \frac{t_s}{t_s - \gamma \cdot g} = \frac{22.3}{22.3 - 0.833 \times 1.1} = 1.042 \quad \cdots\cdots (6.44)$$

これより等価磁気ギャップ：g_e を求める。

$$g_e = k_c \cdot g = 1.042 \times 1.0 = 1.04 \text{ mm} \quad \cdots\cdots\cdots\cdots (6.45)$$

(2) パーミアンス係数：k_{pb}

磁石厚み h_m は、ギャップ磁束密度 B_g が、1T 以上となるように、h_m=5.0mm に決める。ただし正確なギャップ磁束密度 B_g を求めるには、正確なパーミアンス係数 k_{pb} を求める必要がある。

これには、(6.19) 式を用いて求めると (6.46) に示すような計算となる。

$$k_{pb} \cong \frac{h_m}{g_e}\mu_0 = \frac{5.0}{1.04}\mu_0 = 4.81\mu_0 \quad \cdots\cdots\cdots\cdots (6.46)$$

ギャップ部の漏れ磁束を無視した場合、磁石表面磁束密度：B_m とギャップ磁束密度：B_g は、$B_m \fallingdotseq B_g$ とされる。よって、ギャップ磁束密度：B_g は (6.21) 式より、

$$B_g = B_m = \frac{k_{pb}}{k_{pb} + \mu} \cdot B_r$$

ここで、使用する磁石が Nd-Fe-B 希土類磁石であれば、透磁率 $\mu \fallingdotseq \mu_0$ であるため、

$$B_g = B_m = \frac{k_{pb}}{k_{pb} + \mu_0} \cdot B_r \quad \cdots\cdots\cdots\cdots (6.47)$$

ここで最大エネルギー積 BH_{max}=310kJ/m^3、残留磁束密度 B_r=1.25T の磁石を用いた場合、B_g は次のようになる。

$$B_g = B_m = \frac{4.81}{4.81+1.0} \times 1.25 = 1.035 = 1.04\,\text{T}$$

9. コイルターン数：n

図 6.30 に示す Slot Star Diagram において、U 相電流を最大に流した場合のトルク T_{rate} は以下の式で求められる。

$$T_{rate} = \frac{3}{2} \cdot \Psi \cdot \sqrt{2} \cdot I_{rate} \quad \cdots\cdots\cdots\cdots\cdots\cdots\cdots\cdots\cdots\cdots\cdots\cdots\cdots (6.48)$$

商用電源で駆動される誘導モータの場合は、モータ端子電圧一定で、モータの内部インピーダンスと逆起電力の関係から、電流が決定されるため、電機子巻線設計は、定格出力時の逆起電力（誘起電圧）より決定する方法をとる。しかし制御モータとして用いられることが多い PM モータの場合、電流制御を行うモータであるため、各出力時の電圧は一定でないため、ここでは、PM モータの出力特性からきめられたトルク定数と起磁力ベクトル（Slot Star Diagram）から求める方法をとる。

ここで Ψ は鎖交磁束数（相当たり）であり、ここでは 10pole、12slot の Slot Star Diagram から求めることとする。

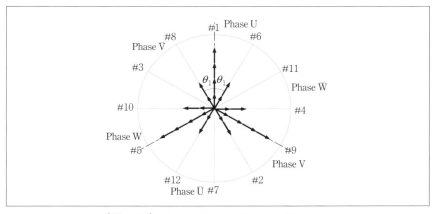

〔図 6.30〕10pole, 12slot Slot Star Diagram

$$\varPsi = \frac{\sqrt{2}}{3}\cdot\frac{T_{rate}}{I_{rate}} = \frac{\sqrt{2}}{3}\cdot\frac{9.55}{13.0} = 0.346 \quad \cdots\cdots\cdots\cdots\cdots (6.49)$$

また、鎖交磁束数 $\varPsi$ は、ギャップ磁束密度 B_g の分布を正弦波とした場合、次式で表される。

$$\varPsi = 4\cdot n\cdot B_g\cdot\cos 0°\cdot\left(\frac{D_g}{2}\right)\cdot L + 4\cdot n\cdot B_g\cdot\cos 30°\cdot\left(\frac{D_g}{2}\right)\cdot L$$
$$= 4\cdot n\cdot B_g\cdot\left(\frac{D_g}{2}\right)\cdot L\cdot(\cos 0° + \cos 30°) = 4\cdot n\cdot B_g\cdot\left(\frac{D_g}{2}\right)\cdot L\times 1.866$$

この鎖交磁束数 $\varPsi$ の式よりコイルターン数 n を求めると (6.50) 式になる。

$$n = \frac{2\cdot\varPsi}{7.46\times B_g\cdot D_g\cdot L} \quad \cdots\cdots\cdots\cdots\cdots (6.50)$$

これに鎖交磁束数 $\varPsi=0.346$ Wb、$B_g=1.04$ T、$D_g=85\times 10^{-3}$ m、また電機子コア長は $L=50\times 10^{-3}$ m であるが、コア表面の絶縁被膜を考慮すると有効率97%の設計条件を入れることで、

$$n = \frac{2\times 0.346}{7.46\times 1.04\times 85\times 10^{-3}\times 50\times 10^{-3}\times 0.97} = 21.6 \rightarrow 22$$

に決めることができる。

10. スロット断面積：A_s
   電機子抵抗/相：R_a

$$R_a = \rho\cdot\frac{l_c}{A_c}\times 4\text{coil} \quad \cdots\cdots\cdots\cdots\cdots (6.51)$$

ここで、$\rho=1.68\times 10^{-8}$：銅の抵抗率 [Ω m]、l_c：導体全長 [m]、A_c：導体面積 [m²] である。

平均相帯（直）径：D_{ave} は、電機子コアヨーク幅を h_y=8.0mm とすると、

$$D_{ave} = \frac{\{(D_0 - 2h_y) + D_g\}}{2} = \frac{(122 - 2 \times 8 + 85)}{2} = 95.5 \text{ mm} \quad \cdots (6.52)$$

となり、平均相帯径スロットピッチ：t_{sa} は、

$$t_{sa} = \frac{D_{ave} \cdot \pi}{Z} = \frac{95.5\pi}{12} = 25.0 \text{ mm} \quad \cdots\cdots\cdots\cdots (6.53)$$

となる。コイルエンド半径：r_e は、

$$r_e = \frac{1}{2}\left(\frac{2t_{sa}}{3}\right) = \frac{t_{sa}}{3} = 8.3 \text{ mm} \quad \cdots\cdots\cdots\cdots (6.54)$$

となるため、1ターンコイル周長：l_w は、

$$l_w = 2L + L_e = 2(L + \pi r_e) = 2(50 + 8.3\pi) = 152.2 \text{ mm} \quad \cdots (6.55)$$

したがって、導体全長：l_c は、次式で求められる。

$$l_c = l_w \cdot n = 152.2 \times 22 = 3.35 \text{ m} \quad \cdots\cdots\cdots\cdots (6.56)$$

(6.51)式より、コイル断面積：A_c は、

$$A_c = 4\rho \cdot \frac{l_c}{R_a} = 4 \times 1.68 \times 10^{-8} \times \frac{3.35}{0.197} = 1.14 \times 10^{-6} \text{ m}^2 = 1.14 \text{ mm}^2$$
$$\cdots (6.57)$$

スロット断面積：A_s は、スロット内導体占積率：f_s=68% とした場合、

$$A_s = \frac{n \cdot A_c}{f_s} = \frac{22 \times 1.14}{0.68} = 36.9 \text{ mm}^2 \quad \cdots\cdots\cdots\cdots (6.58)$$

以上より、A_s=37mm² 程度のスロット断面積が必要となる。

11．ティース幅：z_t

スロット断面積：A_s の計算式は以下となる。ここで、h_0=3.5mm、h_1=7mm とする。

第6章◇永久磁石モータの設計

$$A_s = \frac{1}{2}\left[\left\{\frac{\pi(D_o - 2h_y)}{2Z} - \frac{z_t}{2}\right\} + \left\{\frac{\pi(D_g + 2h_o)}{2Z} - \frac{z_t}{2}\right\}\right] \cdot h_1 \quad (6.59)$$

これよりティース幅 z_t は、

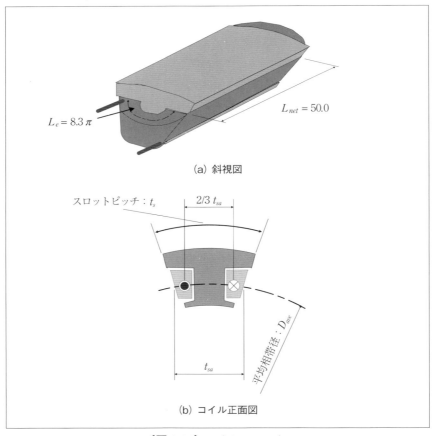

〔図 6.31〕コイルユニット

$$z_t = \frac{\pi(D_o - 2h_y + D_g + 2h_o)}{2Z} - \frac{2A_s}{h_1}$$
$$= \frac{\pi(122 - 2\times 8 + 85 + 2\times 3.5)}{2\times 12} - \frac{2\times 37}{7.0} = 15.3 \text{ mm} \quad \cdots\cdots (6.60)$$

これよりコイル寸法 a、b は、

$$a = \frac{\pi(D_o - 2h_y)}{2Z} - \frac{z_t}{2} = \frac{\pi(122 - 2\times 8)}{2\times 12} - \frac{15.3}{2} = 6.23 \text{ mm} \quad (6.61)$$

$$b = \frac{\pi(D_g + 2h_o)}{2Z} - \frac{z_t}{2} = \frac{\pi(85.0 + 2\times 3.5)}{2\times 12} - \frac{15.3}{2} = 4.39 \text{ mm} \quad (6.62)$$

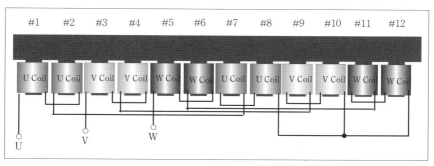

〔図 6.32〕電機子コイル展開図

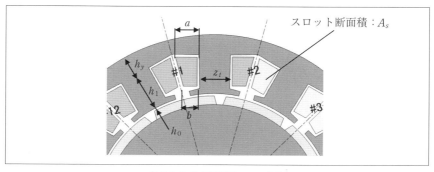

〔図 6.33〕電機子コア寸法

12. ティースおよびヨーク磁束密度

(1) ギャップ磁束：Φ_m

ギャップ磁束分布 B_g が正弦波分布になるものと仮定し、さらに磁石幅 w_m が、磁極ピッチ τ_p の5/6倍であるとすれば、

$$\Phi_m = \int_{-\frac{5}{12}\pi}^{\frac{5}{12}\pi} B_g \cdot \cos\theta \cdot L \cdot \frac{\tau_p}{\pi} \cdot d\theta = \frac{\tau_p}{\pi} \cdot L \cdot B_g \cdot 2 \cdot \sin\left(\frac{5}{12}\pi\right)$$

$$= \frac{1}{\pi} \times 26.7 \times 10^{-3} \times 50.0 \times 10^{-3} \times 1.04 \times 2 \times 0.966 = 0.854 \times 10^{-3} \text{ Wb}$$

$$\cdots (6.63)$$

(2) ティース磁束密度：B_t

ティース断面積：$S_t = z_t \cdot L$ より、

$$B_t = \frac{\Phi_m}{S_t} = \frac{\Phi_m}{z_t \cdot L} = \frac{0.854 \times 10^{-3}}{15.3 \times 10^{-3} \times 50 \times 10^{-3}} = 1.12 \text{ T} \quad \cdots\cdots (6.64)$$

(3) ヨーク磁束密度：B_y

$$B_y = \frac{\Phi_m}{2h_y \cdot L} = \frac{0.854 \times 10^{-3}}{2 \times 8 \times 10^{-3} \times 50 \times 10^{-3}} = 1.07 \text{ T} \quad \cdots\cdots (6.65)$$

13. 鉄損計算：$P_i[\text{W}]$ [6-15]

電機子コア材 50H470 とする。電磁鋼板厚みを d[mm] とし、鉄損を求める。

(1) ティース部鉄損：$P_{it}[\text{W}]$

定格周波数

$$f = \frac{n_{rate} \cdot p}{120} = \frac{1{,}500 \times 10}{120} = 125 \text{ Hz}、$$

ティースにおけるヒステリシス損係数と渦電流損係数 δ_{Ht}=5.9、δ_{Et}=49 を使って、

$$w_{ft} = B_t{}^2 \left\{ \delta_{Ht} \left(\frac{f}{100} \right) + \delta_{Et} \cdot d^2 \left(\frac{f}{100} \right)^2 \right\}$$

$$= 1.12^2 \left\{ 5.9 \times \left(\frac{125}{100} \right) + 49 \times 0.5^2 \times \left(\frac{125}{100} \right)^2 \right\} \quad \cdots\cdots\cdots\cdots\cdots (6.66)$$

$$= 1.12^2 (7.38 + 19.1) = 33.2 \quad \text{W/kg}$$

ここで電機子ティース部の重量：G_t を計算する。

$$G_t = (h_1 + h_0) Z_t \cdot L \times 7800 \times 12 \; slots$$

$$= \{(7.0 + 3.5) \times 10^{-3}\} \times (15.3 \times 10^{-3}) \times (50 \times 10^{-3}) \times 7800 \times 12$$

$$= 0.063 \times 12 = 0.756 \; \text{kg}$$

∴ティース部鉄損：P_{it} は、以下のように求まる。

$$P_{it} = w_{ft} \times G_t = 33.2 \times 0.756 = 25.1 \; \text{W} \quad \cdots\cdots\cdots\cdots\cdots (6.67)$$

(2) ヨーク部鉄損：P_{iy}

ヨーク部におけるヒステリシス損係数と渦電流損係数 δ_{Hy}=3.5、δ_{Ey}=28 を用いると、

$$w_{fy} = B_y{}^2 \left\{ \delta_{Hy} \left(\frac{f}{100} \right) + \delta_{Ey} \cdot d^2 \left(\frac{f}{100} \right)^2 \right\}$$

$$= 1.07^2 \left\{ 3.5 \times \left(\frac{125}{100} \right) + 28 \times 0.5^2 \times \left(\frac{125}{100} \right)^2 \right\} \quad \cdots\cdots\cdots (6.68)$$

$$= 1.07^2 (4.38 + 10.9) = 17.5 \; \text{W/kg}$$

ここで電機子ヨーク部の重量：G_y を計算する。

$$G_y = \frac{\pi}{4} \{D_o^2 - (D_o - 2h_y)^2\} \times L \times 7800$$

$$= \frac{\pi}{4} \{(122 \times 10^{-3})^2 - (122 \times 10^{-3} - 2 \times 8 \times 10^{-3})^2\} \times 50 \times 10^{-3} \times 7800 = 1.12 \; \text{kg}$$

∴ヨーク部鉄損：P_{iy} は以下のように求まる。

$$P_{iy} = w_{fy} \times G_y = 17.5 \times 1.12 = 19.6 \text{ W} \quad \cdots\cdots\cdots\cdots\cdots\cdots (6.69)$$

以上の結果より電機子コア鉄損：P_i は、

$$P_i = P_{it} + P_{iy} = 25.1 + 19.6 = 44.7 \text{ W} \quad \cdots\cdots\cdots\cdots\cdots\cdots (6.70)$$

14．漏れインダクタンス計算

　スロット漏れインダクタンス l_s、コイルエンド漏れインダクタンス l_{co}、歯頭漏れインダクタンス l_t を電磁界解析で求めると、電機子漏れインダクタンス l_a[H] は次のようになる。

$$l_a = l_s + l_{co} + l_t = 1.145 + 0.058 + 0.676 = 1.879 \text{ mH} \quad \cdots\cdots (6.71)$$

15．効率、力率（定格 1.5kW/1500min.$^{-1}$）

（1）総損失：P_{loss}

①銅損：P_c

$$P_c = \left(\frac{T_{rate}}{K_m}\right)^2 = 3 \cdot I^2 \cdot R = 100 \text{ W} \quad \cdots\cdots\cdots\cdots\cdots\cdots (6.72)$$

②鉄損：P_i（定格回転速度：ω_{rate} のとき）

$$P_i = 44.7 \text{ W}$$

これより鉄損電流 I_0 を求めると、

$$I_0 = \frac{P_i}{P_{rate}} \cdot I_a = \frac{44.7}{1500} \times 13.0 = 0.39 \text{ A}$$

よって鉄損抵抗 r_m は、

$$r_m = \frac{(P_i/3)}{I_0^2} = \frac{44.7/3}{0.39^2} = 98 \text{ Ω}$$

　機械損：P_i は、本 PM モータ用途が、起動停止を頻繁に行うサーボモータを考えた場合、実効回転速度は定格回転速度に対して低いものと判

断して、ここでは無視する。

$$P_m = 0 \text{ W}$$

∴全損失　　$P_{loss} = P_c + P_i + P_m = 100 + 44.7 + 0 = 145 \text{ W}$ （6.73）

(2) 効率：η

$$\eta = \frac{P_{rate}}{P_{rate} + P_{loss}} = \frac{1500}{1500 + 145} = 91.2 \text{ \%} \quad \cdots\cdots\cdots\cdots\cdots \text{(6.74)}$$

(3) 力率：$\cos\phi$

モータ定格電流 I_{rate}：

$$I_{rate} = I_a + I_0 = 13.0 + 0.39 = 13.4 \text{ A}$$

モータ相電圧：V_p

$$V_p = \sqrt{(E + I_{rate} \cdot R_a)^2 + (\omega_{rate} \cdot l_a \cdot I_{rate})^2}$$
$$V_p = \sqrt{(38.5 + 13.4 \times 0.197)^2 + (2\pi \times 125 \times 1.879 \times 10^{-3} \times 13.4)^2} = 45.6 \text{ V}$$
$$\cdots \text{(6.75)}$$

$$\cos\varphi = \frac{E + I_{rate} R_a}{V_p} = \frac{41.1}{45.6} = 0.90 = 90 \text{ \%} \quad \cdots\cdots\cdots \text{(6.76)}$$

モータ端子電圧：V_{rate}

$$V_{rate} = \sqrt{3} \cdot V_p = \sqrt{3} \times 45.6 = 79 \text{ V} \quad \cdots\cdots\cdots\cdots\cdots\cdots \text{(6.77)}$$

16. 定格電源容量：VA

$$VA = \sqrt{3} \cdot V_{rate} \cdot I_{rate} = \sqrt{3} \times 79 \times 13.4 = 1834 \text{ VA} \quad \cdots\cdots\cdots \text{(6.78)}$$

また瞬時最大電流：I_{max}

$$I_{max} = I_{rate} \times 300 \text{ \%} = 13.4 \times 3 = 40.2 \text{ A} \quad \cdots\cdots\cdots\cdots\cdots \text{(6.79)}$$

第6章◇永久磁石モータの設計

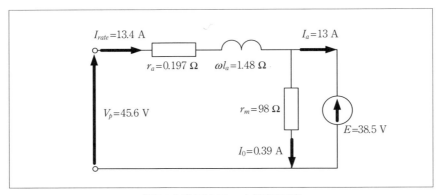

〔図 6.34〕PM モータ等価回路

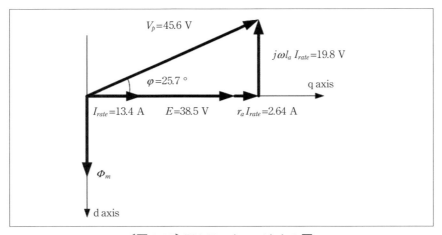

〔図 6.35〕PM モータ　ベクトル図

〔表 6.9〕設計結果のまとめ

出力点			定格：1.5kW	
			1500min^{-1}	
定出力特性			(グラフ：Motor Torque [Nm] 28.7, 19, 9.5 vs Motor Speed [min^{-1}] 1500, 3000, 4500、Rated Point)	

No.	設計項目		単位		
1	トルク		N·m	T_{rate}	9.55
2	回転磁界周波数		Hz	f_{rate}	125
3	モータ定数	誘起電圧定数 / 相	V·s/rad	K_s	0.245
4		トルク定数	Nm/A	K_T	0.735
5		電機子抵抗	Ω	r_a	0.197
6		電機子インダクタンス	mH	l_a	1.88
7		モータ定数	Nm/√W	K_m	0.955
8	誘起電圧		V	V_{rate}	38.5
9	銅損		W	W_{crate}	100
10	鉄損		W	W_{irate}	44.7
11	鉄損抵抗		Ω	r_{mrate}	98
12	鉄損電流		A	I_{0rate}	0.39
13	電機子電流（トルク電流）		A	I_{arate}	13.0
14	モータ電流		A	I_{rate}	13.4
15	2次電流相差角		deg.	θ	0
16	モータ端子電圧		V	V_{rate}	79
17	全損失		W	W_{loss}	145
18	力率角		deg.	φ_{rate}	25.7
19	力率		%	$\cos\varphi_{rate}$	90
20	効率		%	η_{rate}	91.2

参考文献

(6-1) 見城尚志・永守重信:「第7章 DCサーボモータの動特性」"メカトロニクスのためのDCサーボモータ"、株式会社コロナ社、pp.157-176(1982.06.21初版)

(6-2) 岡田養二・長坂長彦:「第3章 電気サーボモータ」"サーボアクチュエータとその制御"、株式会社コロナ社、pp.59-110(1985.11.20初版)

(6-3) 宮本恭祐、猪ノ口博文:「低コギングトルクモータの開発」、技報安川電機、第53号 第4号 通巻205号、pp.304-312(1989年)

(6-4) 宮本恭祐、森下大輔、樋口剛、阿部貴志:「大型風力発電用中速型永久磁石同期発電機の開発」電学論D、Vol.134、第2号、pp.156-164(2014-2)

(6-5) Yasuhiro Miyamoto, Tsuyoshi Higuchi, Takashi Abe, Yuichi Yokoi:"Fractional Slot Winding Design Method of Permanent Magnet Synchronous Machines using Slot Star Diagram", Proc. of International Conference on Electric Machines and Systems (2013-10)

(6-6) 宮本恭祐、田邊政彦、樋口剛、阿部貴志:「永久磁石型リニア同期モータにおけるコギング推力低減の検討」電学論D、Vol.133、第11号、pp.1040-1047(2013)

(6-7) Yasuhiro Miyamoto, Tsuyoshi Higuchi, Takashi Abe, Yuichi Yokoi:"Fractional Slot Winding Design Method of Permanent Magnet Synchronous Machines using Slot Star Diagram", Proc. of International Conference on Electric Machines and Systems (2013-10)

(6-8) Hitachi Material, Ltd. カタログ No.HG-A27(2013.7)

(6-9) 執行岩根:「分数スロット巻線」"電気機械設計論"、丸善出版株式会社、p.224(1950)

(6-10) 宮本恭祐、樋口剛、阿部貴志:「永久磁石同期機におけるモータ定数密度最大化設計の検討」回転機研究会資料 RM-13-124(2013年11月)

(6-11) Johannes Klamt:"Berechnung und Electrisher Maschunen", produced by Springer-Verlag pp.192-198 (1962)

(6-12) 大山和伸：「リラクタンストルク応用電動機の高性能化動向」、電学論 D、123 巻 2 号、pp.63-66 (2003)

(6-13) 沢村光次郎、山本栄治、宮本恭祐、沢俊裕：「工作機主軸ドライブへの IPM モータの適用」、半導体電力変換・産業電力電気応用合同研究会資料 SPC-97-122・IEA-97-14、pp.37-42 (1997.11.28)

(6-14) Rudolf Richter 原著、廣瀬敬一監修：電気機械原論、コロナ社、pp.182-189（昭和 42 年）

(6-15) 竹内寿太郎、磯部直吉：「1.2 鉄心材料と磁化曲線および鉄損」"初等数学でわかる電気機器設計（第 3 版）"、株式会社オーム社、pp.2-5（昭和 61 年 03 月 30 日第 3 版第 5 刷）

第7章

誘導モータの設計

本章では、誘導モータの設計に関して述べる。誘導モータの設計に関しては、これまで数多の解説書、専門書籍が出版されており、図7.1に示すT型等価回路を基準にして進める設計手法に新規性はない。よってここでは、第6章に述べた「永久磁石モータの設計」との相違点に着目して解説する[7-1]。

7．1　トルク発生原理の相違

誘導モータと永久磁石モータにおける原理上の相違点は、ステータとロータ間の"すべり"の有無である。図7.2(a)に示すトルク発生の原理図において、誘導モータでは、回転磁界(の時間を)を止めた状態で、図示のように電機子電流(1次電流I_1)がつくる界磁磁束が形成される。そしてロータを反時計方向に回転させると、2次(ロータ)巻線には、電機子巻線がつくる磁界Bと鎖交することで、その相対速度(すべり回転速度分)に応じた2次電流I_2が流れる。この2次電流I_2と電機子巻線がつくる磁界BによりロータにはBILの法則により、反力(トルク)が生じることになる。つまり、この相対速度が一定の場合は、一定の負荷トルクがかかった状態となるのである。このように誘導モータの場合、電機子の回転磁界が変化する際、それを妨げる方向に、変化の速度に応じたトルクが発生する。これは、あたかも物体が動く際に摩擦が生じることと同様であり、誘導モータは、"磁気的な摩擦"により力を発生さ

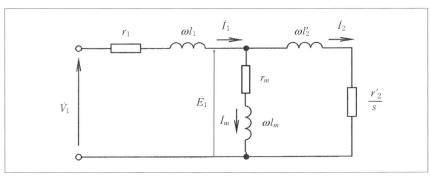

〔図7.1〕誘導モータ　T型等価回路

せるモータと言うこともできる。

　これに対して永久磁石モータの界磁磁束は、永久磁石のみで作られる。これは、誘導モータの場合と同様、1次側電機子が作る回転磁界（の時間を）止めた状態での磁束を検討すると、永久磁石の透磁率が、空気と同じ μ_0 となり、電機子からみた磁気ギャップが大きくなるため、電機子電流での電機子起磁力は小さい。そして、電機子の通電はそのまま（回転磁界固定）で、ロータを反時計方向に回転させた場合、その回転軸には、回転角度に応じたトルク反力がかかることになる。このとき、トルク周期は、ロータ1回転に対して回転機器の磁極数の1/2、つまり極対数 $p/2$ と同数になる。

　このように誘導モータは"磁気的な摩擦力"でトルクが生じ、永久磁石モータの場合、磁石界磁中に1次電流 I_1 を通電した場合の、"電磁力（反発力）"でトルクを生じる、との考え方ができる。そして誘導モータのトルクは、（磁気的な）"摩擦力"なのだから、当然ながら相対速度をもって動く（回転する）ロータ側には"摩擦による損失（熱）"が発生する。これが2次損失（2次銅損）となり、ロータ部の温度を上昇させると考えることができる。このように誘導モータでは、電機子回転磁界回転速度 ω_s と、ロータ回転磁界回転速度 ω_r の速度差である、"すべり"が生じている状態は、機械的な空隙（ギャップ）があるため、物理的な接触による摩擦があるわけではない。しかし誘導モータは、変化する磁束を打ち消す方向に、ロータ側で2次電流が流れるため、回転磁界の移動を阻止しようとロータにブレーキがかかる、つまり図7.2（b）に示すように"磁気的な摩擦"が生じている、と解釈できる。これに対して同期モータのトルクは、"電磁力（反発力）"であるために、その力は、ばね力に相似となる。

・ばね力 $F = K_{sp} \cdot \sin(x)$
　　　　　K_{sp}：バネ定数 [N/m]、x：ばね変位 [m]
・電磁力 $F = \Psi \cdot I$
　　　　　Ψ：推力定数 [N/A]、$\Psi = K_\varphi \cdot \sin(\theta)$、
　　　　　θ：回転角 [rad]、I：電機子電流 [A]

これより、$K_{sp}(x)$ と、$\Psi(=K_\phi \cdot \sin\theta)$ とは、物理的には同じバネ定数の意味合いを持つことがわかる。したがって、誘導モータの場合、負荷変動があっても、この摩擦力により自己ダンピング（自己制動力）がは

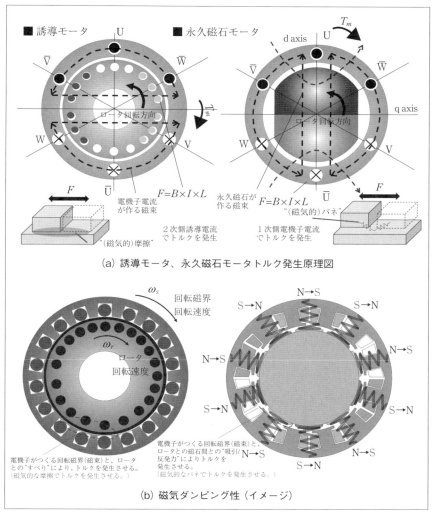

(a) 誘導モータ、永久磁石モータトルク発生原理図

(b) 磁気ダンピング性（イメージ）

〔図7.2〕誘導モータと永久磁石モータ

たらくが、永久磁石モータの場合、ばね力であるため振動的になる。このように制御的に系の安定化を行うには、誘導モータの場合が、永久磁石モータに比べて、はるかに容易であり、速度安定性の観点からは、誘導モータが有利と言える[7-2]。

また、永久磁石モータのトルクを制御する電流が1次電流であるのに対して、誘導モータのトルクを制御する電流は2次電流となり、誘導モータの場合、1次側からすべり周波数を介して間接的に制御することになる。したがって可変速制御を行う場合、誘導モータは、永久磁石モータと比較して、2次抵抗の温度特性を補正する等の複雑な制御が必要になる。

7.2　誘導モータ設計のポイント

7.1節で述べたように誘導モータと永久磁石モータでは、トルク発生原理に相違点がある。よって設計に関しても、第6章に述べた永久磁石モータとは異なる設計のポイントがある。ここでは、
・電機子起磁力の正弦波化
・励磁電流の低減化設計（高効率化設計）
・ロータ冷却設計
の3点に関して述べる。

7.2.1　電機子起磁力の正弦波化

誘導モータの場合、電機子巻線に電機子電流（1次電流 I_1）を通電することでつくられた界磁磁界に2次巻線が鎖交することで2次電流 I_2 が流れる。誘導モータの場合、電機子巻線がつくる界磁波形に高調波成分が含まれた場合、2次電流 I_2 にも誘導される結果となる。2次電流 I_2 は、トルク電流になるので、界磁波形に高調波成分があればトルクリプル発生の要因になり、また、2次電流 I_2 に含まれる高調波電流成分は2次銅損増加の要因となる。したがって、電機子起磁力に高調波を含まないような巻線設計を行う必要がある。

これには、第4章「電気回路設計」にも述べられているように、電機子巻線は、分布巻で設計し、毎極毎相のスロット数 q の値を大きくする

〔表 7.1〕起磁力波形

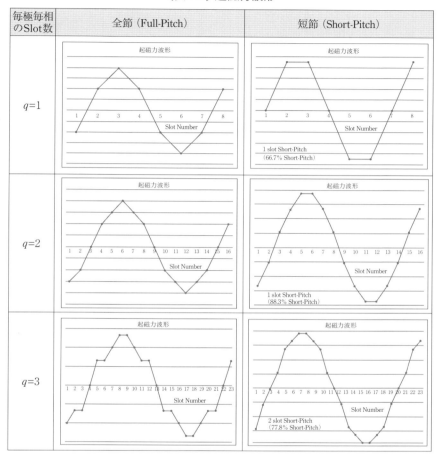

ことが望ましく、一般的には $q \geqq 3$ にすることが多い。さらにはコイル導体の飛びを、電気角 180° より短くする短節巻とすることで、電機子起磁力の高調波をさらに低減することができる。

第6章に述べた永久磁石モータの設計では、分数スロット巻線を採用することで、機器の小型化と高効率化を行った。しかし分数スロット巻線による電機子起磁力には、基本波以外の高調波（分数調波）を多く含

むことがあり、仮に誘導モータの電機子に用いた場合、この高調波の影響を受け、効率低下の要因となりうるため注意したい[7-3]。

7.2.2 励磁電流の低減化設計

界磁を電機子起磁力でつくる誘導モータを高効率化するには、図7.1のT型等価回路に示す励磁電流（磁束電流）が小さくなるように設計することが重要である。図7.3の磁気回路図から、誘導モータの励磁アンペアターンを ΣAT とすると、(7.1)に示す式になる[7-4]。

$$\Sigma AT = AT(\text{Gap}) + AT(\text{S.Teeth}) + AT(\text{S.yoke})$$
$$+ AT(\text{R.Teeth}) + AT(\text{R.yoke}) \quad \cdots \cdots \cdots (7.1)$$

これより励磁電流 I_m は、(7.2)式で表される。

$$I_m = K \frac{\Sigma AT}{n} \text{ [A]} \quad \cdots \cdots \cdots \cdots \cdots \cdots \cdots \cdots \cdots (7.2)$$

　　n：ステータ巻線巻回数、K：設計定数

$AT(\text{Gap})$ 以外は、使用するコア材（電磁鋼板）の直流磁化特性により決まる値であり、直流磁化特性のよいコア材は鉄損特性が悪くなるため、励磁アンペアターンと鉄損のトレードオフ設計を行ったうえでの材料選定となる。

また励磁アンペアターン ΣAT の中で、ギャップ部アンペアターン $AT(\text{Gap})$ の割合が最も高く、これを小さくすることが、励磁電流を下げる手段となる。またギャップ部アンペアターン $AT(\text{Gap})$ は、(7.3)式で表される。

$$AT(\text{Gap}) = \frac{1}{4\pi} \cdot l_g \cdot B_g \times 10^7 \text{ [A/m]} \quad \cdots \cdots \cdots \cdots (7.3)$$

これより、必要なギャップ磁束密度 B_g をつくり、ギャップ部アンペアターン $AT(\text{Gap})$ を小さくするには、ギャップ長 l_g を小さく設計することが肝要となる。よって、ギャップ磁束密度 B_g が磁石厚み l_m とギャップ長 l_g の比で決まる永久磁石モータの場合、ギャップ長 l_g は 2～3mm と

大きく設定できていたが、誘導モータの場合、1桁小さいギャップ長l_gにする必要がある。ただ、ステータコアもロータコアも、プレス加工で製作されるため、磁石加工精度よりはるかに精度が高い。よって、通常の誘導モータ設計においては、実現が難しいギャップ精度にはならない。

このように誘導モータの設計においては、モータ仕様を背景にした、コア材（電磁鋼板）のグレードの選定と、ギャップ長l_gの短縮が励磁電流I_0を小さくし、モータの高効率の最適化設計を行うポイントとなる。

7.2.3　ロータ冷却設計

誘導モータと永久磁石モータの相違点には、ロータ損失による発熱の有無がある。前述のように誘導モータの負荷時には、（ロータの）2次導体に誘導電流（2次電流I_2）が流れるため、2次（ロータ）銅損が発生する。近年、永久磁石モータにおいても、電気伝導率の高い Nd-Fe-B 磁石を用いたものは、インバータなどキャリアリプルを含む電流を持つ装置で駆動した場合は、磁石内部に渦電流損失が発生し、大型機になるとその損失も大きくなるため、ロータ冷却を必要とする場合があるが、ここでは小型機の比較相違点として述べる。

構造が"全閉外扇型"と呼ばれる汎用誘導モータのロータ冷却構造は、

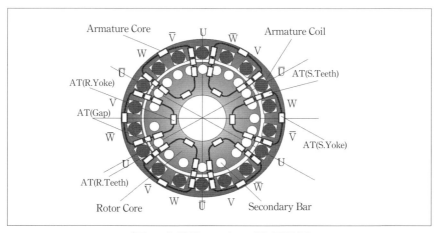

〔図7.3〕誘導モータの磁気回路図

第7章◇誘導モータの設計

図 7.4 に示すようにかご型ロータのエンドリングをフィン形状とし、これは、モータ負荷時、ロータが回転することでモータの内気を攪拌させるためのファンの役割となる。図 7.5 に全閉外扇型汎用誘導モータの構

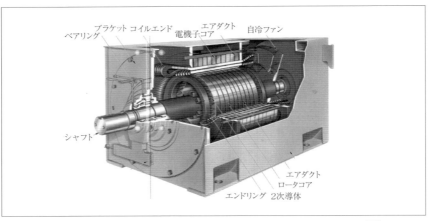

〔図 7.4〕誘導モータ　かご型ロータ（エンドリングフィン）[7-5]

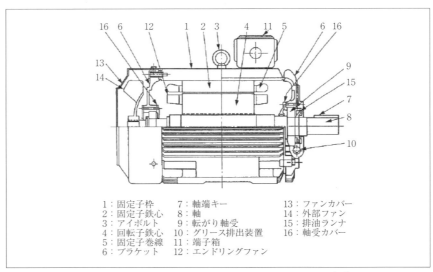

1：固定子枠　　　7：軸端キー　　　　　13：ファンカバー
2：固定子鉄心　　8：軸　　　　　　　　14：外部ファン
3：アイボルト　　9：転がり軸受　　　　15：排油ランナ
4：回転子鉄心　　10：グリース排出装置　16：軸受カバー
5：固定子巻線　　11：端子箱
6：ブラケット　　12：エンドリングファン

〔図 7.5〕全閉外扇型汎用誘導モータ　構造図 [7-6]

造図を示す。このように汎用誘導モータは、ロータ熱を奪った内気が（ロータシャフトに直結された）外扇により冷却されるフレームおよびブラケットに伝わることで、ロータ冷却および局部的な温度上昇を防ぐ構造となっている。

ただし、このような"全閉外扇型構造"は、回転速度が上がると、その上昇率の3乗で"外扇"および"ロータフィン"での風損が増加するため、高速仕様の誘導モータでは採用されず、後で述べる工作機械主軸用誘導モータでは液冷ジャケット冷却構造や、図7.6に示すような鉄道車両駆動用誘導モータでは、密閉構造において撹拌ファンにより内気をモータ外部に循環させる。そしてこの誘導モータでは、内気の熱が車両速度に相対する外気により冷却され、またモータ内に戻るという、特殊な内気循環冷却構造を用いている[7-7]。

7.3　可変速用誘導モータ　用途例

ここでは、可変速用としての誘導モータの用途例を述べる。

可変速とは、つまり速度制御を行う必要性がある用途である。第2章「モータ制御」にも述べられているが、大きくV/f制御とベクトル制御がある。誘導モータの励磁磁束一定で速度制御を行うV/f制御に対して、励磁磁束とトルク電流（2次電流）I_2の両方を制御するベクトル制御は、

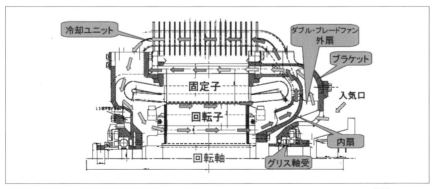

〔図7.6〕鉄道車両用誘導モータ（内気循環冷却構造）東芝製[7-7]

より高度な可変速駆動が可能になる。これらの特徴を踏まえて、定トルク負荷特性用途としてのエレベータ、2乗逓減トルク負荷特性用途としての送風機（ブロワ）、定出力負荷特性用途としての工作機械主軸について述べる。

7．3．1　V/f制御およびベクトル制御の相違点

(1) V/f 制御

図 7.1 に示す誘導モータのT型等価回路（Y結線1相分、励磁損を無視（$r_m=0$））において、励磁インダクタンス l_m の両端電圧を E_1 として、1次電流 I_1 とトルクの大きさを求めると (7.4) 式が与えられる。

$$|\dot{I}_1| = \frac{|\dot{E}_1|}{\omega_1} \cdot \frac{1}{l_m} \sqrt{\frac{(r'_2/\omega_s)^2 + L_2^2}{(r'_2/\omega_s)^2 + l'^2_2}} \quad (ここで L_2 = l_m + l'_2 である。)$$
$$\cdots (7.4)$$

また、逆起電力ベクトル $\dot{E}_1$ は、電動機端子電圧ベクトルから、1次電圧降下を差し引いたものであるので、

$$\begin{aligned}\dot{E}_1 &= \dot{V}_1 - (r_1 + j\omega l_1)\dot{I}_1 \\ \dot{V}_1 &= \dot{E}_1 + (r_1 + j\omega l_1)\dot{I}_1\end{aligned} \quad\cdots\cdots\cdots (7.5)$$

これより、トルク T を求める式を導出すると (7.6) となる。

$$T = \frac{3}{2}P\left(\frac{E_1}{\omega_1}\right)^2 \cdot \frac{r'_2/\omega_s}{(r'_2/\omega_s)^2 + l'^2_2} = \frac{3}{8\pi^2}P\left(\frac{E_1}{f_1}\right)^2 \cdot \frac{r'_2/\omega_s}{(r'_2/\omega_s)^2 + l'^2_2}$$

ω_1：電源角周波数 $=2\pi f_1$　　ω_s：すべり角周波数 $=(\omega_1-\omega_m)$
ω_m：電気角に換算した機械回転角速度　　P：極数
$$\cdots (7.6)$$

ここで、逆起電力 E_1 は、端子電圧（1次電圧）V_1 の関数である。よって、"V/f" が一定であれば、2次抵抗 r_2、2次自己インダクタンス l_2 は定数であるため、励磁電流 I_m、つまりギャップ磁束を一定に保つことにより、図 7.7 に示すようにトルク T は、同じ（形状）特性で推移することがわかる。実際には、端子電圧（1次電圧）V_1 を制御するが、(7.5) 式

より V_1 は E_1 より1次電圧降下 $(r_1+j\omega l_1)\dot{I}_1$ だけ電圧が高いことになる。よって特に逆起電力 E_1 が小さくなる低周波（低速）の場合、図7.8に示すように、1次電圧降下 $(r_1+j\omega l_1)\dot{I}_1$ の影響が顕著となり "V/f" が一定とはならなくなるので、低速時にも大きい停動トルクが必要な場合は、"V/f" の値の補正が必要となる[7-8]。

また、V/f 制御の場合 (7.6) 式に示すように、1次側の端子電圧 V_1、周波数 f_1 の比のみ制御するため、誘導モータの各定数が同一仕様の場合、

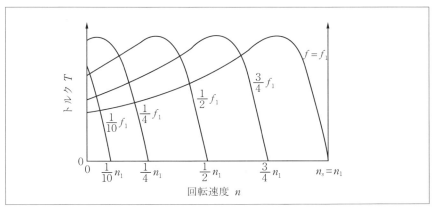

〔図7.7〕誘導モータ　V/f 制御

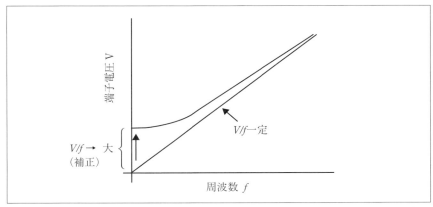

〔図7.8〕誘導モータ　低速時 V/f 補正制御

図7.9に示すように1台のインバータで複数の誘導モータを駆動することが可能となる。尚、この場合、電源側に保護装置が必要になり、インバータ容量は、駆動するモータ容量の総和以上のものを必要とする[7-9]。

(2) ベクトル制御

ベクトル制御とは、1次側電機子の回転磁界を基準にとり、1次電流 I_1 に関して、図7.10に示すように磁束をつくる励磁電流 I_m 成分と、これに直角（直交）な2次（トルク）電流 I_2 成分に分け、これらを、瞬間ごと独立に制御するものである。つまり、"界磁磁束" と "トルク電流" を制御するということは、誘導モータを直流モータと同様に駆動制御できるということになり、可変速モータ市場は、誘導モータのベクトル制御駆動により、直流モータから誘導モータに置き換わっていっている。

ただ実際には、励磁磁束の検出が困難であり、これに対しては、1次電圧 V_1 や1次電流 I_1 から磁束を推定する必要がある。

ここでは、最も簡単な "すべり周波数制御ベクトル制御" に関して述べる。誘導モータのT型等価回路において、巻数比 l_m/l_2 として2次側換算すると図7.11の等価回路が得られる。この図で、$l_2\dot{I}_m$ は、誘導モータの2次鎖交磁束数 $\dot{\psi}_2$ で、逆起電力ベクトル $\dot{E}_1=j\omega\dot{\psi}_2$ であることから、2次電流 I_2 の大きさ $|\dot{I}_2|$、トルク T および角周波数 ω_2 を求めると、(7.7)

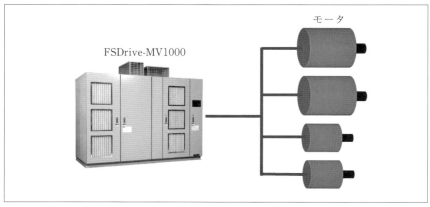

〔図7.9〕V/f 制御インバータによる誘導モータ複数台駆動

式、(7.8) 式、(7.9) 式のように表される。これらの式から、トルク T は 2 次鎖交磁束数 $\dot{\psi}_2$ と 2 次電流 $\dot{I}_2$ の積に比例し、励磁電流ベクトル $\dot{I}_m$ および 2 次電流ベクトル $\dot{I}_2$ を独立に制御することで、応答性の高いトルク制御ができることがわかる。

・トルク電流 $|\dot{I}_2|$

$$|\dot{I}_2| = \frac{|\dot{E}_1|}{\frac{r_2}{s}} = \frac{|\dot{E}_1|/\omega}{\frac{r_2}{\omega_s}} = \frac{|\psi_2|}{r_2}\omega_s \quad [A] \quad \cdots\cdots\cdots\cdots\cdots\cdots \quad (7.7)$$

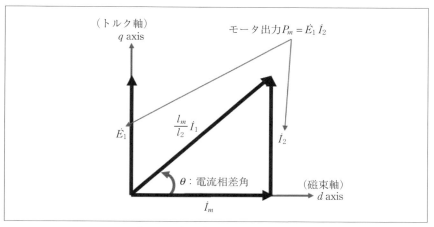

〔図 7.10〕2 次回路ベクトル図

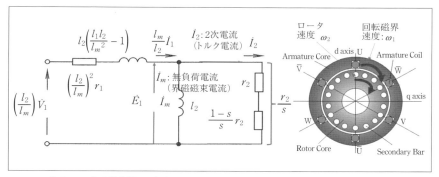

〔図 7.11〕誘導機　巻数比 l_m/l_2 として二次側に換算した等価回路

ここで、逆起電力ベクトル $\dot{E}_1 = j\omega\dot{\psi}_2$

・トルク T

$$T = \frac{3}{2}P\frac{r_2}{\omega_s}|\dot{I}_2|^2 = \frac{3}{2}P|\dot{I}_2|^2\frac{r_2}{\omega_s}$$
$$= \frac{3}{2}P|\dot{\psi}_2|\cdot|\dot{I}_2| = \frac{3}{2}P\cdot l_2|\dot{I}_m|\cdot|\dot{I}_2| \quad [\text{N}\cdot\text{m}] \quad \cdots\cdots\cdots\cdots\cdots (7.8)$$

ここで、二次鎖交磁束数 $|\dot{\psi}_2| = l_2\dot{I}_m$

・すべり角周波数 ω_s

$$\omega_s = \omega_1 - \omega_m = s\cdot\omega = \frac{r_2}{l_2}\cdot\frac{|\dot{I}_2|}{|\dot{I}_m|} \quad [\text{rad/s}] \quad \cdots\cdots\cdots\cdots\cdots (7.9)$$

ω_1：電源角周波数 $=2\pi f_1$ 　　ω_s：すべり角周波数 $=(\omega_1-\omega_m)$
ω_m：電気角に換算した機械回転角速度

　また、図7.10に示す2次回路ベクトル図に示す電流および電圧の関係において、2次（トルク）電流 $|\dot{I}_2|$、つまりトルク T の大きさを変えるには、1次電流 $\frac{l_m}{l_2}\dot{I}_1$ の大きさだけではなく、その位相角 θ（ここでは電流相差角とよぶ）を変える必要がある。ただし図7.10は、各電流、電圧ベクトルの相対的な関係を示しているものであり、実際の制御を行うには、2次鎖交磁束数 $\dot{\psi}_2$ の空間位相、またはこれに相当する励磁電流 $\dot{I}_m$ の絶対的な位相 θ_0 が必要となる。すべり周波数ベクトル制御は、(7.9)式から求めた $\omega_1=\omega_s+\omega_m$ の関係から、エンコーダ等の速度検出センサで検出したモータ角回転速度 ω_m とすべり角回転速度 ω_s の和を積分して絶対位相 θ_0 を算出し、これを基準に1次電流 $\frac{l_m}{l_2}\dot{I}_1$ のベクトル制御を行うものである。このように、ベクトル制御は、界磁磁束とトルク電流の両方の制御ができるため、速度により界磁磁束制御が必要な定出力負荷特性用途に適している。

　表7.2に示すトルク式の比較からも、V/f制御の場合は、モータの1次側の電圧 V_1 と周波数 f_1、つまり電源側のパラメータのみを制御し、モータの2次側の電圧、電流パラメータに関しては無関係であるためモータ速度信号を必要としないが、ベクトル制御の場合は、前記絶対位相

θ_0 算出のために速度センサが必要となる。しかし機器の使用環境が悪い場合や、エンコーダを持たない誘導モータの商用電源駆動の置き換え時には、エンコーダを必要とするベクトル制御は問題となる。しかし最近では、誘導モータの1次電圧 V_1 および電流 I_1 から、モータ角回転速度 ω_m や2次鎖交磁束数 $\dot{\psi}_2$ を推定する速度センサレスベクトル制御も実用化されており、速度センサがあるベクトル制御とは、性能差はあるにしても、利便性から用途が拡大している[7-10]。

表7.3にかご型誘導モータの V/f 制御、ベクトル制御(センサ付き、センサレス)の基本性能の一般的な比較を示す。項目は、可変速のための制御パラメータ、速度センサの有無、速度制御範囲、速度制御精度、

〔表7.2〕かご型誘導モータ V/f 制御、ベクトル制御におけるトルク式の比較

	■トルク式	
V/f 制御	$T = \dfrac{3}{2} P \left(\dfrac{E_1}{\omega_1}\right)^2 \dfrac{r_2/\omega_s}{(r_2/\omega_s)^2 + l_2^2}$	■(一次側)電源側の条件、 "電圧:V_1"と"周波数:f_1"の比を制御する。 →モータ側のパラメータを変えないので、簡単・容易
ベクトル制御	$T = \dfrac{3}{2} P \|\dot{i}_2\|^2 \dfrac{r_2}{\omega_s}$	■(二次側)電動機側の条件、 "(回転子側)二次電流:I_2"を制御する。 →モータ二次側のパラメータを変えるので、制御は複雑

〔表7.3〕かご型誘導モータの V/f 制御、ベクトル制御(センサ付き、センサレス)基本性能比較

制御方式	V/f 制御	速度センサレスベクトル制御	速度センサ付きベクトル制御
基本制御	電圧/周波数の制御(オープンループ)	電流ベクトル制御	電流ベクトル制御
速度センサ	不要	不要	要
速度制御範囲	1:40	1:100	1:1000
速度制御精度	±2〜3%	±0.2%	±0.02%
トルク制御	不可能	可能	可能
特徴	多数台の同時運転が可能。最も基本的、かつ簡単な制御。	速度センサなしで電流制御が可能。応用範囲が広い。	高精度速度制御、最高効率制御等の高度な制御が可能
定トルク負荷	◎:好適	◎:好適	◎:好適
2乗逓減負荷	◎:好適	◎:好適	◎:好適
定出力負荷	△:条件による	○:適	◎:好適

トルク制御の可・不可に関して比較している。また、各制御方式の、モータの基本負荷特性（定トルク負荷、2乗逓減負荷、定出力負荷特性）への対応に関しても整理したので参考にされたい[7-10]。

7.3.2 定トルク負荷特性用途（エレベータ用）

定トルク負荷特性で可変速用途の例に、図7.12に示すようなエレベータ駆動用がある。エレベータでは、定加減速（定トルク）運転した場合、始動時と停止時にケージに衝撃力がかかってしまうので、人体に衝撃を与えないために、始動・停止時に加速度αの変化を緩和するように加減速トルクの制御が必要になる。したがってこれは、正確に言えば完全な定トルク負荷特性ではないが、トルク制御が必要な可変速ドライブ用途ということで、ベクトル制御で駆動されることが一般的である。特に、速度$v=2 \sim 5$m/sの高速エレベータ用、6m/sの超高速エレベータ用では、すべてベクトル制御インバータ駆動になっている。図7.13にエレベータの速度特性例を示す。これを見ると、加減速時に、衝撃緩和のためのトルク勾配がある[7-11]。

エレベータ用モータの容量選定計算は、図7.12に示すエレベータ駆動システムの各パラメータと、図7.13に示す速度特性より計算される。ま

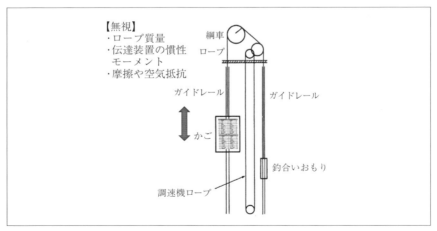

〔図7.12〕エレベータ駆動

ずモータのトルク T_m は、(7.10) 式に示すように、エレベータ加速トルク T_α に (電動機軸換算) 網車 (プーリ) 負荷トルク T_p を加えたものになる。

よって、エレベータ加速度が α の場合、モータトルク T_m は、

$$T_m = T_a + T_p$$
$$= \frac{r}{R}\left\{J\left(\frac{R}{r}\right)^2\alpha + (2M+L+CL)\alpha + L(1-C)g\right\} \quad \cdots\cdots (7.10)$$

ここで、$L(1-C)$ は不均衡負荷

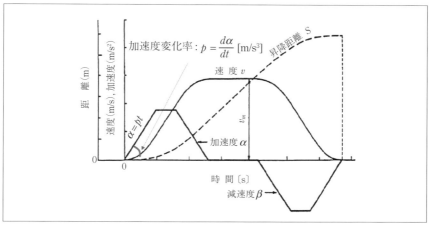

〔図 7.13〕エレベータ駆動の速度特性

〔表 7.4〕エレベータ設計パラメータ

パラメータ		単位
L	最大積載量	kg
M	かご質量	kg
$(M+CL)$	釣合い錘	kg
R	歯車の減速比	—
r	網車 (プーリ) の半径	m
J	モータの慣性モーメント	kg·m^2
T_m	モータトルク	N-m
α	エレベータ加速度	m/s^2
v	エレベータ速度	m/s
ω_1	網車 (プーリ) の角速度	rad/s
ω_2	モータの角速度	rad/s

ケージ（かご）速度に関しては、ケージの加速度仕様と加速時間により決まり、モータ回転速度に関しては、ケージ（かご）速度と網車（プーリ）径、および減速歯車の減速比 R により決定される。(7.10) 式より不平衡荷重 $L(1-C)=0$ となった場合でも、慣性モーメントの加減速 α のためにトルクが必要になることがわかる。また、減速比が大きい場合には、電動機の慣性モーメント J をできるだけ小さくしないと、自らのロータを加速する力が増大し、電動機トルク T_m が増え、省エネルギー駆動にはならないことになる。したがってエレベータ用モータにおいては、ロータイナーシャを考慮し、モータ体格の決定が設計のポイントとなる[7.11]。

7.3.3 2乗逓減トルク負荷特性用途（送風機・コンプレッサ用）

2乗逓減トルク負荷特性で可変速用途の例に、図 7.14 に示すようなトンネル内でよく見かける送風機駆動用がある。送風機の所要動力は、一般的に表 7.5 に示す送風機の基本設計パラメータから (7.11) 式のように表される。

・送風機用モータ出力 P_m の計算式

本式は、開いた系の"定常流動系のエネルギー保存の法則"から導出される。

$$P_m = \frac{\rho Q v^2}{120} \cdot \frac{100}{\eta}(1+\alpha) \times 10^{-3}$$

$$= \frac{QH}{60} \frac{100}{\eta}(1+\alpha) \times 10^{-3} \quad [kW] \quad \cdots\cdots\cdots (7.11)$$

送風機の風量を制御する場合には、送風機の排気孔側のベーン（ダンパ）の開閉度を調整してコントロールする方法と、インバータを用いて可変速（速度）制御する方法がある。

(1) ベーン（ダンパ）制御の場合

表 7.6 に送風機のベーン（ダンパ）とインバータによる速度制御による所要動力（容量）の比較を示す。送風機の所要動力は、図中、送風機 Q-H 特性と送風機損失カーブの交点で決まる。風量制限を行うため、ベ

ーン制御で閉じる操作をした場合、図中送風機 Q-H 特性は変わらず、送風抵抗が増えるため風量に対する損失抵抗は増大する。したがって送風機の所要動力 P_b の動作点 "A" → "C" に変わる。これより "A" 点の送風機所要動力 P_b は、$P_b(A)=Q_N \cdot H_N$ となり、"C" 点の送風機所要動力は、$P_b(C)=Q_1 \cdot H_1$ で計算されることになる。ベーン（ダンパ）制御の場合、送風機風量を $Q_N=1.0(p.u.)$ から $Q_1=0.7(p.u.)$ まで風量制限をしたとき、送風機全圧は、$H_N=1.0(p.u.)$ から $H_1=1.2(p.u.)$ まで、全圧が上昇することになり、送風機所要動力 P_b の変化を計算すると、$P_b(C)/P_b(A)=0.84$ となる。つまり送風機風量を 30% 制限（低減）しても、送風機動力は 16% の低下にとどまるということになる。

(2) インバータ速度制御の場合

これに対してインバータ制御（可変速）の場合は、送風機のベーンの制御はせず送風機の回転速度を落とすことで風量制限を行う。よって図

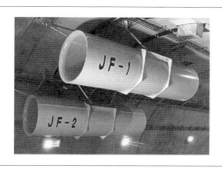

〔図 7.14〕送風機（トンネル送風機：(株)三井三池製作所製）[7-13]

〔表 7.5〕送風機設計パラメータ

送風機の基本特性値		
Q	気体の流量	[m³/min]
v	風速	[m/s]
ρ	流体密度	[kg/m³]
H	風圧	[Pa]
η	機械効率	[%]
α	裕度	―
P_m	電動機動力	[kW]

中の送風機損失カーブは変わらず、送風機 Q-H 特性のみ、送風機全圧が低下する特性となり、送風機の所要動力は、動作点"A"→"B"に変わることになる。"B"点の送風機所要動力は、$P_b(B)=Q_1 \cdot H_2$ で計算され、インバータ制御による回転速度制御の場合、送風機風量を $Q_N=1.0(p.u.)$ から $Q_1=0.7(p.u.)$ まで風量制限をしたとき、送風機損失カーブから、送風機全圧は、$H_N=1.0(p.u.)$ から $H_2=0.5(p.u.)$ まで低下することになる。これより送風機所要動力 P_b の変化を計算すると、$P_b(B)/P_b(A)=0.35$ となり、可変速制御を用いて送風機風量を 30% 制限(低減)した場合、送風機動力は 65%(約 1/3)と、大幅に低減できることになり、ベーン(ダンパ)

〔表 7.6〕送風機におけるベーン(ダンパ)とインバータ速度制御による所要動力(容量)比較

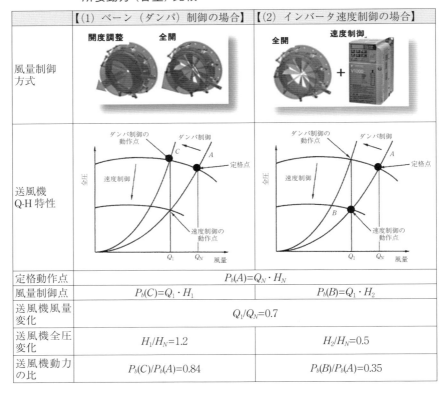

	【(1) ベーン(ダンパ)制御の場合】	【(2) インバータ速度制御の場合】
風量制御方式		
送風機 Q-H 特性		
定格動作点	$P_b(A)=Q_N \cdot H_N$	
風量制御点	$P_b(C)=Q_1 \cdot H_1$	$P_b(B)=Q_1 \cdot H_2$
送風機風量変化	$Q_1/Q_N=0.7$	
送風機全圧変化	$H_1/H_N=1.2$	$H_2/H_N=0.5$
送風機動力の比	$P_b(C)/P_b(A)=0.84$	$P_b(B)/P_b(A)=0.35$

制御に対して、省エネ効果が大きいことがわかる[7-12]。

7.3.4 定出力負荷特性用途（工作機械主軸）

図7.15に示すような定出力負荷特性で可変速用途の例に、図7.16に示すような工作機械主軸用モータがある。高精度旋盤やタッピングセンタ用等、一部の特殊な工作機械には永久磁石モータ（IPMSM）が用いられているが、その主流は、図7.17に示すような界磁制御が容易で広範囲の定出力特性を有する誘導モータである。

(1) 主軸用モータへの要求仕様[7-14]

特に広範囲定出力特性を求める工作機械主軸は、低速の重切削から、高速の高精度加工までを行うため、機械剛性を高くする必要があり、そのためこのようなモータの電磁部を、主軸機構部に直接組み込む構造が

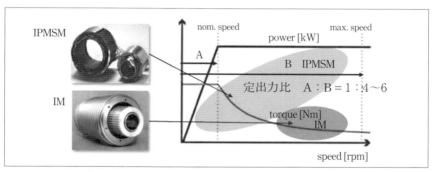

〔図7.15〕工作機械用主軸の定出力特性負荷仕様

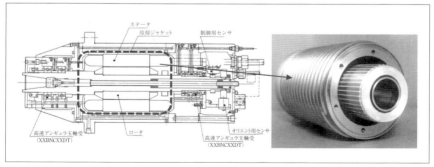

〔図7.16〕工作機械主軸[7-15]　〔図7.17〕主軸用誘導モータ（㈱安川電機製）[7-16]

取られている。これは、ビルトイン方式と呼ばれ、モータ軸受は、機械剛性の高い工作機械用主軸用軸受と兼用になる。またモータ電機子の外郭には液冷ジャケットが配備され、この中に通す冷媒より、電機子部や軸受部での発熱量を熱交換器に移送、冷却という循環が繰り返される。このような冷却構造を用いることで、主軸部温度上昇を抑制し高精度なワーク加工を実現している。

　工作機主軸の所要動力は、加工されるワークの単位時間当たりの切削量になる。つまり出力が大きい工作機械主軸は、ワークを早く加工することができるということになる。工作機械主軸の回転速度は、加工されるワークの種類と関係する。つまり低速では（スチール等）硬い材料の切削を行い、高速では（アルミ等）軟らかい材料の加工を行う。また成形型等の加工精度を要求されるワークでは、最高回転速度付近にて、ボールエンドミルのような仕上げ加工ツールを用いて、高精度仕上げ加工を行う。

　このようにマザーマシンと呼ばれる、数多くの加工ツールを有するマシニングセンタでは、その工作機械主軸の所要動力と定出力比（定トルク域の回転速度と最高回転速度の比）の大きいものがよいとされ、巻線切替制御等特殊な技術を用いることで、定格出力が30kWを超え、定出力比が1：30のような高性能工作機械もある。

(2) 誘導モータ方式、永久磁石モータ方式の比較

　ここでは、誘導モータ（IM）と永久磁石モータ（IPMSM）の双方で、同一定出力負荷特性仕様における効率特性の比較を行ってみた。図7.18に、横軸に回転速度、縦軸にモータ出力を取った場合の効率マップを示す。前述したように主軸用モータは、規定の出力において切削ツールを変えて加工するものであるから、横軸を回転速度、縦軸を出力にしたグラフでの、効率マップ表記がわかりやすい。

　図7.18を見ると、永久磁石モータ（IPMSM）の場合は、高速・高出力の領域で高効率駆動領域が広がり、誘導モータ（IM）では、高速・低出力領域で高効率駆動領域が広がっている。この結果から、永久磁石モータ（IPMSM）の場合は、アルミの部品加工のような高速・高出力で削る工作機械主軸用に適しており、誘導モータ（IM）の場合は、高精度加工

用ボールエンドミルで、金型の仕上げ加工を行うなどの用途に好適であると言える。

これは、永久磁石モータ（IPMSM）が固定磁界である磁石界磁を持つモータであるため、基本的に、電機子（1次）電流を流せば、それに応じたトルクが得られるため高出力領域の効率が高くなる。反面、高速時の低負荷領域になると、1次電圧抑制のため磁石界磁を打ち消す無負荷電流を流す必要があるため無負荷損失が増大し効率を低下させている。これに対して誘導モータでは、ベクトル制御を用いることで、図7.18に示すような回転速度に対して励磁電流 I_m を、速度関数として可変制御することができる。よって誘導モータ方式は、高出力領域において、永久磁石モータ（IPMSM）方式と比較して、励磁電流損失の分、効率は低いものとなるが、高速で低負荷領域では、トルクに応じた励磁電流 I_m に制御することで、比格的高い効率を実現できている。

このように定出力負荷特性仕様において、特に永久磁石モータ（IPMSM）では多くの無負荷電流が必要となるため、定出力範囲（一般的に1：3以下）に限界がある。これに対して誘導モータ（IM）方式では、励磁電流 I_m により界磁制御が可能であるため広範囲定出力範囲（1：6

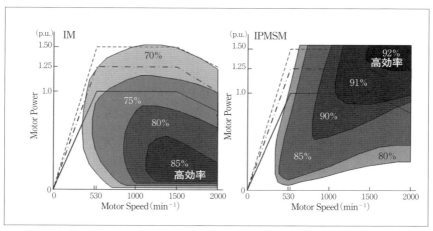

〔図7.18〕誘導モータ（IM）、永久磁石モータ（IPMSM）効率マップ比較

以下）が可能であり、広い加工範囲を必要とする工作機主軸用には適していると言える。

7.4 誘導モータの設計例[7-17]

ここでは、これまでの誘導モータ設計学の内容を参考に、表7.7の仕様例を設計する。

7.4.1 電機子仕様

(1) 電機子スロット設計

誘導機の電機子コアスロット設計は、励磁電流、鉄損、電機子（1次）抵抗等機器の特性を決める上で重要な設計プロセスである。電機子形状については、"丸底スロット"と"角底スロット"があり、丸線導体を巻かれたコイルを挿入する小型機では、コイル挿入の際の作業のしやすさから"丸底スロット"で設計されることが多い。

また、ティース形状についても、ティース幅 t_1 が均一になる"平行ティース形状"と、スロット上層幅 w_1、スロット底幅 w_2 が $w_1=w_2$ になることで、スロット上層部のティース幅がスロット底部ティース幅より狭くなる"平行スロット形状"がある。ここでは、図7.19に示すように、丸線のバラ線を挿入するためスロット断面が長方形である必要がない。よって"平行ティース形状"を用いる。

スロット開口幅 s については、使用する丸線導体の単線径の大きさを考慮する必要がある。コイル挿入作業の際、自動コイル挿入機を用いるか、手入れ作業かでも、その幅の設計は異なる。（一般的に言って、自

〔表7.7〕三相かご型誘導モータ　仕様例

型式	—	三相かご型誘導モータ		定格	—	E種連続定格
構造	—	全閉他冷型（空冷）		極数	—	4
出力	kW	7.5 (10HP)		周波数	Hz	50/200
負荷特性	—	定出力 (1:4)		外径	mm	220
回転速度			電機子コア	内径	mm	136
基底	min^{-1}	1500		積層長[※1]	mm	150
最大		6000	ロータコア	積層長[※1]	mm	144

※小型機では、冷却用の通風ダクトがないため、"ステータコア積層長"が電機子コア長となる。

動コイル挿入機を用いる場合が広い。）また、ステータスロット開口幅 s_1 は、後述するロータスロット開口幅 s_2 とともに、機器の表面損の増加にも影響するため留意する。スロット開口部が大きいと、作業性はよいが、ギャップパーミアンスの変化が大きくなり表面損は増加する。

電機子コアの内径を D_i、極数を P とすると、極ピッチ τ_p は、

$$\tau_p = \frac{\pi \cdot D_i}{P} = \frac{136\pi}{4} = 34\pi = 106.8 \quad [\text{mm}]$$

前節でも述べたように、毎極毎相のスロット数 q の選定には、起磁力波形に含まれる高調波を小さくする目的から $q \geq 3$ にする。よって、電機子コアスロット数 N_{s1} は、

$$N_{s1} = 3Pq = 3 \times 4 \times 3 = 36$$

以上の指針のもと、電機子スロットを図 7.19 のように設計した。

(2) 電機子巻線設計

誘導モータの巻線方式には、"重巻き" と "同芯巻き" がある。ここでは、

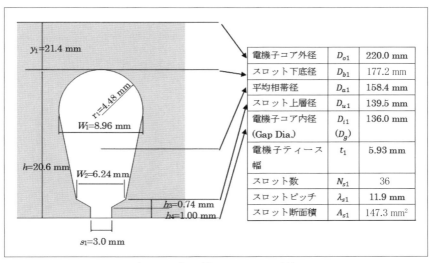

〔図 7.19〕電機子スロット形状

第7章◇誘導モータの設計

1つのスロットに2つのコイルが上下に埋設される"2層重ね巻き"を考える。

また、巻線作業において、各相コイルで構成され平衡した起磁力を得るための最少単位を（コイル）グループと呼び、本4極機の電機子巻線のコイルグループは、図7.20に示すように4グループから構成される。この4グループ間の接続は、図7.21 (a) 隔極接続、(b) 隣極接続の2種の並列接続が可能となる。(a) 隔極接続は図示のように、電機子起磁力

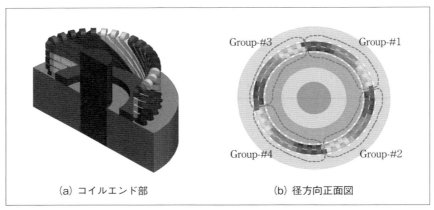

(a) コイルエンド部　　　　(b) 径方向正面図

〔図7.20〕電機子巻線

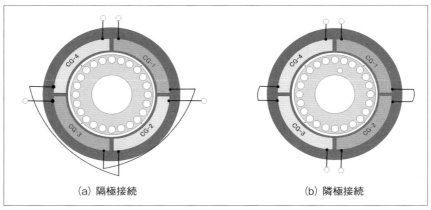

(a) 隔極接続　　　　　　　　(b) 隣極接続

〔図7.21〕コイルグループの種類

- 220 -

の "N 極" のみ、"S 極" のみを、それぞれ直列接続する方法であり、(b) 隣極接続は、"N 極" と "S 極" を直列接続する方法である。この際、3 相巻線は、Y (Star) もしくはデルタ接続されている。本電機子巻線の 4 グループの場合は、これらを、さらに直列、もしくは並列接続することで巻線作業を完了させる[7-18]。

正常動作時の場合は、(a) 隔極接続、(b) 隣極接続共に同一の動作、特性になる。ただし異常時、本例で言えば、2 並列接続の片方の巻線内で破損、断線した場合、(a) 隔極接続の場合、ロータに対してアンバランスにはならない。しかし (b) 隣極接続の場合、一方の巻線による電機子反作用がなくなるため、ギャップ吸引力がアンバランスになってしまう。高速仕様のモータ等の場合、軸受負荷設計を重視する場合等は留意する必要がある。

・短節巻とコイル飛び(%Pitch)

誘導機の場合、電機子起磁力に含まれる高調波成分が大きいと、2 次導体に誘導（誘起）される 2 次（トルク）電流にも多くの高調波が含まれることになり、トルクリプルの要因となる。よってこのトルクリプルを低減するためにも、巻線係数 k_{w1} を大きく下げない程度に毎極毎相スロット数 q を増やすことが望ましいことは前にも述べた。ここで、コイル飛びを短節することは、さらに電機子起磁力中の高調成分を低減することができる。(7.2.1 電機子起磁力の正弦波化 表7.1 に示す起磁力波形を参照)

ここでは、図 7.22 (a) に示すように、コイル飛びが #1～#10 を全節巻とした場合、5 次高調波を低減することを目的とした、コイル飛び #1～#8 (77.8%Pitch) の短節巻とし、1 相当たりの直列巻回数 n_{ph1}、およびコイル巻回数 n_1 は、逆起電力 E_1 の式から求める。

ギャップ磁束密度 B_g を、B_g=0.89[T] と仮定したとき、極当たりの磁束密度 Φ/P は、

$$\Phi/P = \frac{2}{\pi} \cdot \tau_p \cdot L_2 \cdot B_g = \frac{2}{\pi} \times 0.1068 \times 0.144 \times 0.89 = 8.71 \times 10^{-3} \quad [\text{Wb}]$$

逆起電力 E_1 の式は、

$$E_1 = \frac{2\pi f_1}{\sqrt{2}} \cdot k_{w1} \cdot n_{ph1} \cdot \Phi/P = 4.44 \cdot f_1 \cdot k_{w1} \cdot n_{ph1} \cdot \Phi/P \quad [\text{V(rms)}]$$

基本波の巻線係数 k_{w1} は以下の式から求めることができる。

・短節巻係数 k_{p1}（コイル飛びと関係する）

$$k_{p1} = \sin\left\{(\%Pitch)\cdot\frac{\pi}{2}\right\} = \sin\left\{\left(\frac{7}{9}\right)\cdot\frac{\pi}{2}\right\} = \sin 70° = 0.94$$

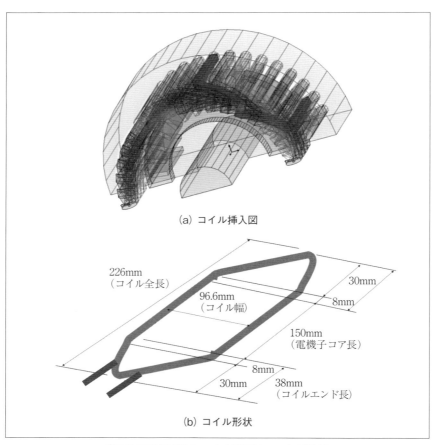

(a) コイル挿入図

(b) コイル形状

〔図 7.22〕電機子コイル配置とコイル形状

・分布巻係数 k_{d1}（毎極毎相スロット数 q と関係する）

$$k_{d1} = \frac{\sin\left(\frac{\pi}{6}\right)}{q \cdot \sin\left(\frac{\pi}{6q}\right)} = \frac{\sin\left(\frac{\pi}{6}\right)}{3 \times \sin\left(\frac{\pi}{18}\right)} = \frac{\sin\left(\frac{\pi}{6}\right)}{3 \times \sin\left(\frac{\pi}{18}\right)} = 0.960$$

・巻線係数 k_{w1}

$$k_{w1} = k_{d1} \times k_{p1} = 0.940 \times 0.960 = 0.902$$

これより1相当たりの直列巻回数 n_{ph1} は次式で表され、E_1=200[V]とすると、

$$n_{ph1} = \frac{E_1}{4.44 \cdot f_1 \cdot k_{w1} \cdot \Phi/P} = \frac{200}{4.44 \times 50 \times 0.902 \times 8.71 \times 10^{-3}}$$
$$= 114.7 \fallingdotseq 114$$

コイル巻回数 n_1 は、

$$n_1 = \frac{n_{ph1}}{q \cdot P} \times (パラ数) = \frac{114}{3 \times 4} \times 2 = 19$$

(3) 電機子（1次）抵抗計算：r_1

コイル巻回数 n_1 は、n_1=19 と決定されたので、これより導体線径を決める必要がある。小型の誘導モータの場合、丸線を用いたバラ線による巻きコイルをスロット内に挿入することが一般的である。この場合、作業性を考慮して、その線径はスロット開口部 s_1 から2～3本以上、入るように決める方法が1つである。"パラ本数"に関しては、1次銅損(電機子抵抗損)を小さくし効率が上がるように、多い方が望ましいが、物理的なスロット内収納スペース（スロット断面積）も決められているため、これに対する導体占積率（総導体断面積／スロット断面積）が40～50％を目安に決められる。使用する導体は、以下の点を考慮して決める。

・モータ温度上昇仕様から決まる耐熱クラス（絶縁クラス）によって、導体被覆樹脂の種類選定

第7章◇誘導モータの設計

・電圧仕様に対する絶縁強度から、導体被覆厚みの選定

耐熱クラスに関しての対応について、IEC-TC 15-Pub85 で決められた絶縁クラスに応じた被膜樹脂の適用例を、表7.8 に示す。また電圧仕様に関しての対応については、モータ電圧の高さに応じて、0種、1種、2種等があり、0種の絶縁層が一番厚く、以後、薄くなる。ただ被膜樹脂選定の際、注意しなければならないのは、耐熱クラスだけでは決まらない場合があるということである[7-19]。たとえば、ポリエステル線の場合、耐熱クラスでは、E種もしくはB種絶縁で選定されるが、加水分解が起きる性質を持っているため、コイルモールド材に水分を多く含む場合等では、別の被覆導体を選定する必要がある。ここでは、200V電圧仕様、E種連続定格仕様、また電機子スロット開口部幅 s_1=3.0[mm] から、使用導体を、1PEW(ポリエステル)線(ϕ1.0mm)を選択する。また電機子スロット設計で、スロット断面積 A_{s1}=147.3[mm^2] になるため、パラ本数 n_{p1} は、以下の式で求まる。スロット内導体占積率 $SPfactor$(%)=45% とした場合、

$$n_{p1} = \frac{A_{s1} \cdot SPfactor (\%)}{n_1 \cdot \frac{\pi}{4}(\phi導体被覆外径)^2 \cdot (Coil層数)} = \frac{147.3 \times 0.45}{19 \times \frac{\pi}{4}(1.1)^2 \times 2}$$

$$= 1.8 \fallingdotseq 2$$

平均相帯径におけるスロットピッチ

〔表7.8〕耐熱区分と導体被膜例 [7-19]

Class	許容温度	代表的な導体被膜
Y	90℃	※汎用の誘導モータでは、あまり採用されない。
A	105℃	
E	120℃	ポリエステル(PEW)
B	130℃	
		ポリエステルイミド(PEIW)
F	155℃	アミドイミド(AIW)
		ポリエステルアミドイミド(PEAIW)
H	180℃	ポリイミド(PIW)
200	200℃	※汎用の誘導モータでは、あまり採用されない。
220	220℃	
250	250℃	

$$\lambda_{sa} = \frac{\pi \cdot D_a}{n_{s1}} = \frac{158.4 \cdot \pi}{36} = 13.8 \,[\text{mm}]$$

コイル幅 $w_c = \lambda_{sa} \times (\#8 - \#1) = 13.8 \times 7 = 96.6 \,[\text{mm}]$

コイルエンド長（※図 7.22 (b) コイル形状参照）

$$L_s = 2 \cdot \sqrt{\left(\frac{w_c}{2}\right)^2 + L_e^2} + 2L_{eo} = 2 \cdot \sqrt{\left(\frac{96.6}{2}\right)^2 + 30^2} + 2 \times 8 = 129.7 \,[\text{mm}]$$

コイル長

$$L_a = 2(L_1 + L_s) = 2(150 + 129.7) = 559 \,[\text{mm}]$$

1相当たり巻線コイル長

$$T.L. = L_a \cdot n_{ph1} = 559 \times 10^{-3} \times 114 = 63.7 \,[\text{m}]$$

1PEW（ポリエステル）線（ϕ1.0mm）の導体抵抗率 $\rho = 0.0233 \,[\Omega/\text{m}]$
1次巻線抵抗（1Δ）

$$r'_1 = \rho \cdot \frac{T.L.}{n_p(\text{パラ本数})} = \frac{0.0233 \times 63.7}{2} = 0.742 \,[\Omega]$$

1次巻線抵抗（2Δ）（※図 7.23 コイル形状参照）

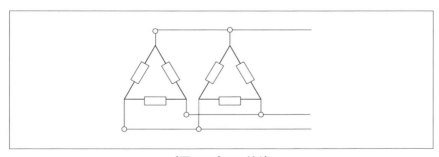

〔図 7.23〕2Δ結線

第7章◇誘導モータの設計

$$r_1 = \frac{r_1'}{2\,(パラ結線)} = \frac{0.742}{2} = 0.371\ [\Omega]$$

7.4.2 ロータ仕様

(1) ロータスロット設計

図 7.24 にロータスロット形状、図 7.25 にかご型ロータのエンド部形状を示す。また、ここではギャップ長 l_g=0.35[mm] としている。

(2) 2次導体設計

(3) ロータ抵抗計算

2次導体抵抗は、図 7.26 に示すようなダイキャストするアルミケージの抵抗率から計算される。

ここで、ロータ (2次) 銅損：W_{c2} は、

$$W_{c2} = N_{s2} \cdot R_b \cdot I_b^2 + R_r \cdot I_r^2$$
$$I_r = \frac{N_{s2}}{P \cdot \pi} \cdot I_b$$

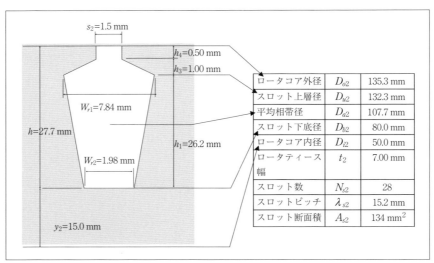

〔図 7.24〕ロータスロット形状

の関係にあるため、

$$W_{c2} = N_{s2}\left(R_b + \frac{N_{s2}}{(P\cdot\pi)^2}\cdot R_r\right)\cdot I_b^2$$

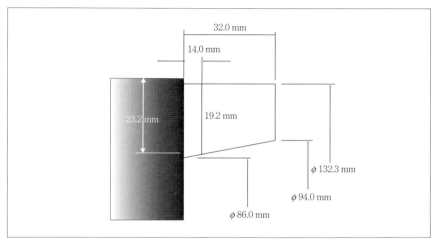

〔図 7.25〕かご型ロータ　エンド部形状

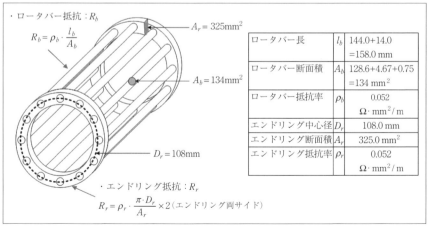

〔図 7.26〕かご型ロータ　イメージ図

よってロータバー1本に換算した抵抗 r_2 は、

$$r_2 = R_b + \frac{N_{s2}}{(P \cdot \pi)^2} \cdot R_r$$

となる。

・ロータバー抵抗：R_b

$$R_b = \rho_b [\Omega \cdot \mathrm{mm}^2/\mathrm{m}] \cdot \frac{l_b [\mathrm{m}]}{A_b [\mathrm{mm}]^2} = 0.052 \times \frac{0.158}{134} = 6.13 \times 10^{-5} \ [\Omega]$$

・エンドリング抵抗：R_r

$$R_r = \rho_r \left[\Omega \cdot \frac{\mathrm{mm}^2}{\mathrm{m}} \right] \cdot \frac{\pi \cdot D_r [\mathrm{m}]}{A_r [\mathrm{mm}]^2} \times 2 = 0.052 \times \frac{0.108 \pi}{325} \times 2 = 10.9 \times 10^{-5} \ [\Omega]$$

となり、2次導体抵抗：r_2 は、

$$r_2 = R_b + \frac{N_{s2}}{(P \cdot \pi)^2} \cdot R_r = 6.13 \times 10^{-5} + \frac{28}{(4\pi)^2} \times 10.9 \times 10^{-5}$$
$$= 8.06 \times 10^{-5} \ [\Omega]$$

となる。

※2次→1次換算係数

$$\alpha(C.R.) = \frac{3(k_{w2} \cdot 2n_{ph1})^2}{N_{s2}} = \frac{3 \times (0.902 \times 2 \times 114)^2}{28} = 4532$$

より、ロータ（2次）抵抗：$r'_2 [\Omega]$

$$r'_2 = \alpha(C.R.) \cdot r_2 = 4532 \times 8.06 \times 10^{-5} = 0.365 \ [\Omega] \ (at. \ 25℃)$$

7.4.3　磁気回路設計 [7-20]

(1) 主磁束計算

　ここでは、主磁束について、極当たりの磁束密度 Φ/P に関して、逆起電力 E_1=200[V] となるように決めた。

$$\Phi/P = \frac{\sqrt{2} \cdot E_1}{2\pi f_1 \cdot k_{w1} \cdot n_{ph1}} = \frac{\sqrt{2} \times 200}{2\pi \times 50 \times 0.902 \times 114}$$
$$= 8.76 \times 10^{-3} \text{ [Wb]}$$

(2) ギャップ磁束密度計算

よって、ギャップ磁束密度については、上記極当たりの磁束密度 Φ/P より、

$$B_g = \frac{\Phi/P}{\left(\frac{2}{\pi} \cdot \tau_p \cdot L_2\right)} = \frac{8.76 \times 10^{-3}}{\left(\frac{2}{\pi} \times 0.1068 \times 0.144\right)} = 0.895 \text{ [T]}$$

(3) ステータコア、ロータコア磁束密度計算

実際は、ステータ、ロータのスロット開口部、スロット内の漏れ磁束があるため、計算された極当たりの磁束密度 Φ/P のすべてが、ティース部、ヨーク部を通過することではない。ただしその量は、極当たりの磁束密度 Φ/P に対して微量であるため、下記各部の磁束密度を計算する際には、これを無視して行うものとする。

・電機子ティース部磁束密度 B_{t1}

$$B_{t1} = \frac{\Phi/P}{\frac{2}{\pi}\left\{\left(\frac{N_{s1}}{P}\right) \cdot t_1 \cdot L_1\right\}} = \frac{8.76 \times 10^{-3}}{0.637 \times \left(\frac{36}{4}\right) \times 5.93 \times 10^{-3} \times 150 \times 10^{-3}} = 1.72 \text{ [T]}$$

・電機子ヨーク部磁束密度 B_{y1}

$$B_{y1} = \frac{(\Phi/P)/2}{y_1 \cdot L_1} = \frac{(8.76 \times 10^{-3})/2}{21.4 \times 10^{-3} \times 150 \times 10^{-3}} = 1.364 \text{ [T]}$$

・ロータティース部磁束密度 B_{t2}

$$B_{t2} = \frac{\Phi/P}{\frac{2}{\pi}\left\{\left(\frac{N_{s2}}{P}\right) \cdot t_2 \cdot L_2\right\}} = \frac{8.76 \times 10^{-3}}{0.637 \times \left(\frac{28}{4}\right) \times 7.00 \times 10^{-3} \times 144 \times 10^{-3}}$$
$$= 1.949 \text{ [T]}$$

・ロータヨーク部磁束密度 B_{y2}

$$B_{y2} = \frac{(\Phi/P)/2}{y_2 \cdot L_2} = \frac{(8.76 \times 10^{-3})/2}{15.0 \times 10^{-3} \times 144 \times 10^{-3}} = 2.028 \text{ [T]}$$

(4) 所要起磁力（ΣAT）計算

　誘導モータの重要な設計パラメータである励磁電流 I_0 を求めるには、各部の起磁力損失を計算し、その総和が所要起磁力（ΣAT）となる。特に、起磁力損失の大半を占めるギャップ部の起磁力損失 AT_{gap} の計算の精度は重要であり、スロット開口部の影響を考慮するために、電機子、ロータ双方のカーター係数 k_c を求め、これをギャップ長 l_g にかけることで、等価磁気ギャップ長 l_{ge} とする。

　各部の起磁力損失 $AT=(at\text{[A/m]}) \times (磁路の長さ \text{[m]})$

　※ at[A/m] は、電磁鋼板の直流磁化特性曲線より求める。

・カーター係数 k_c

・ステータ部のカーター係数 k_{c1}

$$\gamma_1 = \frac{\left(\frac{s_1}{l_g}\right)^2}{5+\left(\frac{s_1}{l_g}\right)} = \frac{\left(\frac{3.0}{0.35}\right)^2}{5+\left(\frac{3.0}{0.35}\right)} = \frac{73.5}{5+8.57} = 5.42$$

$$k_{c1} = \frac{\lambda_{s1}}{\lambda_{s1} - \gamma_1 \cdot l_g} = \frac{11.9}{11.9 - 5.42 \times 0.35} = 1.19$$

・ロータ部のカーター係数数 k_{c2}

$$\gamma_2 = \frac{\left(\frac{s_2}{l_g}\right)^2}{5+\left(\frac{s_2}{l_g}\right)} = \frac{\left(\frac{1.5}{0.35}\right)^2}{5+\left(\frac{1.5}{0.35}\right)} = \frac{18.4}{5+4.29} = 1.98$$

$$k_{c2} = \frac{\lambda_{s2}}{\lambda_{s2} - \gamma_2 \cdot l_g} = \frac{15.2}{15.2 - 1.98 \times 0.35} = 1.05$$

・等価磁気ギャップ長 l_{ge}

$$l_{ge} = k_c \cdot l_g = k_{c1} \cdot k_{c2} \cdot l_g = 1.19 \times 1.05 \times 0.35 = 0.44 \text{ [mm]}$$

・ギャップ部の起磁力損失 AT_{gap}

$$AT_{gap} = \frac{1}{4\pi} \cdot l_{ge}[\text{m}] \cdot B_g[\text{T}] \times 10^7$$
$$= \frac{1}{4\pi} \times 0.44 \times 10^{-3} \times 0.895 \times 10^7 = 313 \text{ [AT]}$$

・コア部の起磁力損失 AT_{core}

コア部に使用する電磁鋼板の直流磁化特性を、図 7.27 に示す。

・所要起磁力 ΣAT (7-21)

これまでのギャップ部の起磁力損失 AT_{gap} の計算、コア部の起磁力損失 AT_{core} の算出から所要起磁力 ΣAT を計算すると以下になる。また、結果を図 7.28 にまとめる。

$$\Sigma AT = AT_{gap} + AT_{s.te} + AT_{s.yo} + AT_{R.te} + AT_{R.yo}$$
$$= 313 + 41 + 27 + 219 + 0 = 600 \text{ [AT]}$$

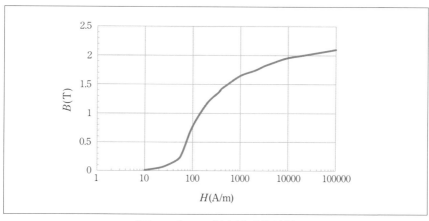

〔図 7.27〕コア材直流磁化特性

7.4.4 その他の回路定数計算

(1) 励磁電流計算：I_m

1turn の起磁力を矩形波とした場合、その正弦波（基本波）の波高値は、

$$AT_{coil} = \frac{4}{\pi} \cdot \frac{n_{cs}}{2} \cdot \sqrt{2} \cdot I_m$$

1相巻回数であるから、これより3相の起磁力は3/2倍することで求められる。

$$AT_{3\phi} = \frac{3}{2} \cdot \left(\frac{4}{\pi} \cdot \frac{n_{cs}}{2} \cdot \sqrt{2} \cdot I_m\right) \cdot k_{w1} \cdot n_{ph1}$$

1極対当たりの所要起磁力は ΣAT であるので、以下の関係式が成り立つ。

$$\frac{P}{2} \cdot \Sigma AT = \frac{3}{2} \cdot \left(\frac{2\sqrt{2}}{\pi} \cdot n_{cs} \cdot I_m\right) \cdot k_{w1} \cdot n_{ph1}$$

これより励磁電流 I_m を求めると、

$$I_m = \frac{\frac{\pi}{\sqrt{2}} \cdot (\Sigma AT) \left(\frac{P}{2}\right) \cdot n_{cs}}{3 \cdot k_{w1} \cdot n_{ph1}} \quad [A]$$

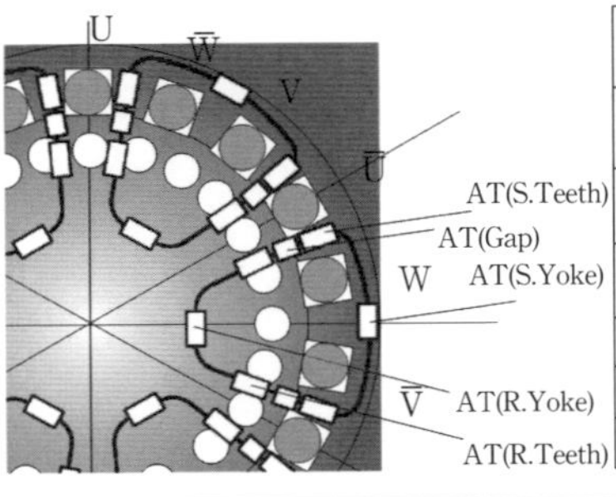

部位		磁束密度[T]	磁路長[mm]	at[A/m]	AT[AT]
ステータティース	B_{t1}	1.72	20.6	2000	41
ステータヨーク	B_{y1}	1.36	77.0	350	27
ロータティース	B_{t2}	1.95	27.7	7900	219
ロータヨーク部の起磁力損失係数は無視する。					
ギャップ	B_g	0.895	0.44	−	313
ΣAT					600

〔図7.28〕磁気回路の各部起磁力損失

Δ結線の場合は、$\sqrt{3}$倍がかかり、$n_{cs}=1$とおくと、

$$I_m(\Delta) = \sqrt{3} \cdot I_0 = \frac{\sqrt{\frac{3}{2}} \cdot \pi \cdot (\Sigma AT)\left(\frac{P}{2}\right)}{3 \cdot k_{w1} \cdot w_1} \text{ [A]}$$

$$= \frac{\sqrt{\frac{3}{2}} \times \pi \times 600 \times \left(\frac{4}{2}\right)}{3 \times 0.902 \times 114} = 15.0 \text{ [A]}$$

(2) 鉄損抵抗計算：r_m

鉄損W_iに関して、電機子コアのヨーク部の磁界は回転磁界、ティース部では交番磁界となり、その計算式は、"第6章　永久磁石モータの計算式"と同一のため、ここでは省略する。また、ロータ部では、コア内に存在するのは、すべり周波数（定格周派数の数%）の磁界となるため、基本波成分による鉄損は無視できるレベルである。

永久磁石モータでは、その界磁が（負荷電流に関係のない）固定界磁であるため、基本的に鉄損は、磁気回路の磁束密度と回転速度（周波数）で決まり、電流の関数にはならないが、誘導モータの場合、界磁は励磁電流I_mの関数となっているため、鉄損は、次式のように表される。

$$W_i = K_i \cdot \{B_g(I_m)\}^2 = 3 \cdot r_m \cdot I_m^2 \text{ [W]} \quad (K_i：鉄損係数)$$

ここで、r_mは鉄損抵抗として等価回路の中でも定数扱いすることができる。

本設計例においては、鉄損$W_i=500$[W]とし、鉄損抵抗r_mを求めると以下になる。

$$r_m = \frac{W_i}{3 \cdot I_m^2} = \frac{500}{3 \times 15.0^2} = 0.74 \text{ [}\Omega\text{]}$$

(3) 2次入力とすべり：s

本誘導モータの設計例では、図7.29 (a) に示すように定出力特性を前提にしたものである。誘導モータの速度に対する界磁ϕの制御は、図7.29 (b) に示すように逆起電力E_1一定になるように励磁電流I_mを、速

度反比例にコントロールすることを考える。したがって、出力点 A の 7.5kW/1500min^{-1} の場合でも、出力点 B の 7.5kW/6000min^{-1} の場合のように定出力特性でも、トルク（2次）電流 I_2 は同じになるため、すべり s も一定になる。これは、"すべり一定制御"とも呼ばれ、インバータを用いた定出力負荷駆動時の一般的な制御方法である。

以上のことから、設計計算としては、出力点 A の 7.5kW/1500min^{-1} の場合のみ行うものとし、出力点 B の 7.5kW/6000min^{-1} の場合は、"7.4.5 設計のまとめ"の表 7.12 に結果のみ記載する。

図 7.30 の Steinmetz 計算のための誘導機等価回路に示すように、誘導

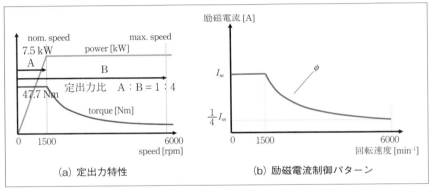

〔図 7.29〕定出力特性と励磁電流制御パターン

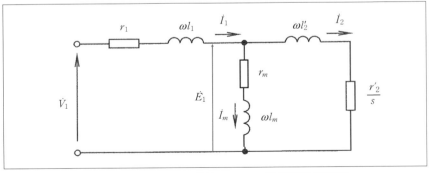

〔図 7.30〕Steinmetz 計算のための誘導機等価回路

モータの2次側への入力をP_2と表すと、2次銅損W_{c2}は、次式となる。

$$W_{c2} = s \cdot P_2 \, [\text{W}]$$

誘導モータにおいて無負荷時はモータ出力：$P_m=0$、つまり$s=0$となり、ロータ回転速度は同期速度となる（$\omega_m=\omega_s$）。したがって、上記T型等価回路において$R_2/s \to \infty$となるため、2次側には電流が流れないため$I_2=0$。よって、$W_{c2}=0[\text{W}]$となる。

また拘束時、つまり始動時で$s=1$となり、ロータ回転速度が$\omega_m=0$となる。このとき、モータ入力P_1から内部損失である一次抵抗損（1次銅損）を差し引いた2次入力P_2は、すべて2次抵抗R_2で消費されるため、$W_{c2}=P_2[\text{W}]$となる。

定格負荷時は、2次入力から2次銅損$W_{c2}=s \cdot P_2[\text{W}]$を差し引いたものが2次出力、つまりモータ出力$P_m$となる。

$$P_m = (1-s) \cdot P_2$$

モータトルクT_mは、

$$T_m = \frac{P_m}{\omega_m} = \frac{(1-s)}{\omega_m} \cdot P_2 \, [\text{Nm}]$$

で求められる。

(4) 2次電流計算：I_2

まず電流の"2次回路→1次側換算係数α"は、次式から求まる。

$$\alpha = \frac{m_1 \cdot k_{w1} \cdot n_{ph1}}{m_2 \cdot k_{w2} \cdot n_{ph2} \cdot \left(\frac{P}{2}\right)} = \frac{3 k_{w1} \, n_{ph1}}{\left(\frac{2N_{s2}}{P}\right) \times k_{w2} \times n_{ph2} \times \left(\frac{P}{2}\right)}$$

$$= \frac{3 k_{w1} \, n_{ph1}}{N_{s2} \times 1 \times \left(\frac{1}{2}\right)} = \frac{3 \times 0.902 \times 114}{28 \times 1.0 \times 0.5} = 22$$

2次電流I_2（相電流）は、前記逆起電力E_1から次式で求められる。

第7章◇誘導モータの設計

$$I_2(phase) = \frac{P_2}{3 \cdot E_1} = \frac{7500}{3 \times 200} = 12.5 \text{ [A]}$$

よって Δ 結線での2次電流 I_2 は、

$$I_2(\Delta) = \sqrt{3} \cdot I_2(phase) = \sqrt{3} \times 12.5 = 21.7 \text{ [A]}$$

(5) 1次電流計算：I_1

鉄損計算 W_i=500[W] から、無負荷時の力率 $\cos\phi_0$ を求める。

まず、鉄損 W_i による粘性摩擦に対する電流（ここでは鉄損電流 I_{0i} と呼ぶ）は、次式より計算される。

$$I_{0i} = \frac{W_i}{\sqrt{3} \cdot E_1} = \frac{500}{\sqrt{3} \times 200} = 1.44 \text{ [A]}$$

無負荷電流は I_0、

$$I_0 = \sqrt{I_m^2 + I_{0i}^2} = \sqrt{(15.0)^2 + (1.44)^2} = 15.1 \text{ [A]}$$

よって無負荷時の力率 $\cos\phi_0$ は、

$$\cos\phi_0 = \frac{I_{0i}}{I_0} = \frac{1.44}{15.1} = 0.10$$

以下、図7.31に示す電流ベクトルより1次電流を求める。このとき、設計する定格出力を得るには、トルク電流となる2次電流 I_2 に鉄損電流 I_{0i} を加える必要があり、これを考慮した2次電流を I_2' とする。

$$I_2' = I_2 + I_{i0} = 21.7 + 1.44 = 23.1 \text{ [A]}$$
$$I_1 = \sqrt{I_m^2 + I_2'^2} = \sqrt{15.0^2 + 23.1^2} = 27.5 \text{ [A]}$$

電流位相角 θ は、

$$\theta = \cos^{-1}\left(\frac{I_m}{I_1}\right) = \cos^{-1}\left(\frac{15.0}{27.5}\right) = 56.9 \text{ [deg.]}$$

となる。

(6) リアクタンス計算

誘導機における、固定子と回転子の漏れインダクタンス l_1、l_2 は、Dr. 竹内の著書 "電気機器設計" より、

$$l_1 = 4\pi \cdot \frac{(2 \cdot n_{ph1})^2}{P}(\Lambda_{s1} + \Lambda_{e1} + \Lambda_{h1}) \times 10^{-9} \quad [\text{H}]$$

$$l_2 = 4\pi \cdot \frac{(2 \cdot n_{ph2})^2}{P}(\Lambda_{s2} + \Lambda_{e2} + \Lambda_{h2}) \times 10^{-9} \quad [\text{H}],$$

ここで n_{ph2}=1/2、P=4、並列回路数が $P/2$=2 であるので、

$$l_2 = 4\pi(\Lambda_{s2} + \Lambda_{e2} + \Lambda_{h2}) \times 10^{-9} \quad [\text{H}]$$

またこれより、漏れパーミアンス係数 Λ について整理してみる。

ここでも、Dr. 竹内の "電気機器設計" に示す設計式を引用し計算を行う。漏れパーミアンス係数の設計式を表7.9 にまとめる。

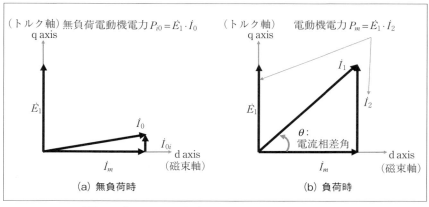

〔図7.31〕ベクトル制御における電流制御の考え方

[表7.9] かご型誘導モータ　漏れパーミアンス係数　設計式

漏れパーミアンス 計算部位	電機子コア	ロータコア
スロット：Λ_s	$\Lambda_s = \dfrac{L}{q} \cdot \lambda_s,\quad \lambda_s = \dfrac{h_1}{3 \cdot b_1} + \dfrac{h_2}{b_1} + \dfrac{h_3}{b_1 + b_4} + \dfrac{h_4}{b_4}$ $\Lambda_s = \dfrac{L}{q} \cdot \left(\dfrac{h_1}{3 \cdot b_1} + \dfrac{h_2}{b_1} + \dfrac{h_3}{b_1 + b_4} + \dfrac{h_4}{b_4} \right)$ $\Lambda_s = \Lambda_{s1}$：1次側漏れ係数 $L = L_1$：ステータコア積層長 [cm] $q = 3$：毎極毎相のスロット数 $b_4 = s_1$：スロットオープニング	$\Lambda_s = \Lambda_{s2}$：2次側漏れ係数 $L = L_2$：ロータコア積層長 [cm] $q = 1$：毎極毎相のスロット数 $b_4 = s_2$：スロットオープニング
コイルエンド： Λ_e	$\Lambda_{e1} = 1.13 \cdot k_p^2 \times (L_{e0} + 0.5L_e)$ $\Lambda_e = \Lambda_{e1}$：1次側漏れ係数 k_p：短節係数 L_{e0}：コイルエンド直線部長さ [cm] L_e：コイルエンド湾曲部（直線） 　　　長さ [cm]	$\Lambda_{e2} = \dfrac{N_{s2} \cdot \tau_p}{3 \cdot P} \cdot g$ $\Lambda_e = \Lambda_{e2}$：2次側漏れ係数 N_{s2}：ロータスロット数 τ_p：磁極ピッチ [cm] P：極数、g：係数
高調波（歯頭）： Λ_h	$\Lambda_h = \dfrac{3}{\pi^2} \cdot \dfrac{1}{k_c \cdot K_s} \cdot \dfrac{\tau_p \cdot L}{l_g} \cdot K_h$ $\Lambda_h = \Lambda_{h1}$：1次側漏れ係数 $k_c = k_{c1}$：（ステータ部）カーター係数 $K_s = \dfrac{\Sigma AT}{AT_{gap}}$：飽和係数 $K_h = K_{h1}$：（ステータ）高調波係数 ※別表 7.10 参照	$\Lambda_h = \dfrac{1}{\pi^2} \cdot \dfrac{N_s}{P} \cdot \dfrac{1}{k_c \cdot K_s} \cdot \dfrac{\tau_p \cdot L}{l_g} \cdot K_h$ $\Lambda_h = \Lambda_{h2}$：2次側漏れ係数 $N_s = N_{s2}$：ロータスロット数 $k_c = k_{c2}$：（ロータ部）カーター係数 $K_s = \dfrac{\Sigma AT}{AT_{gap}}$：飽和係数 $K_h = K_{h2}$：（ロータ部）高調波係数 ※別表 7.11 参照

[表7.10] 電機子部高調波（歯頭）係数：K_{h1}

$q=3$		$q=4$	
短節 / 全節	K_{h1}	短節 / 全節	K_{h1}
9/9	0.0140	12/12	0.0089
8/9	0.0115	11/12	0.0074
7/9	0.0111	10/12	0.0063
6/9	0.0140	9/12	0.0069
----	----	8/12	0.0089

〔表 7.11〕かご型回転子部高調波（歯頭）係数：K_{h2}

N_{s2}/P	K_{h2}
4	0.053
5	0.036
6	0.023
7	0.017
8	0.013
9	0.010
10	0.0083
11	0.0068
12	0.0057
15	0.0036
20	0.0021
25	0.0013

(7) ステータ（1次漏れ）インダクタンス計算：l_1[H]

・スロット漏れパーミアンス係数：Λ_{s1}

$$\Lambda_{s1} = \frac{L}{q} \cdot \left(\frac{h_1}{3 \cdot b_1} + \frac{h_2}{b_1} + \frac{h_3}{b_1 + s_1} + \frac{h_4}{s_1} \right)$$

ここで、

$$b_1 = \frac{W_{s1} + W_{s2}}{2} = \frac{8.96 + 6.24}{2} = 7.60, h_2 = 1.0,$$

$$h_1 = \frac{D_{b1} + D_{u1}}{2} - h_2 = \frac{177.2 - 139.5}{2} - 1.0 = 17.9$$

として計算する。

$$\Lambda_{s1} = \frac{15.0}{3} \times \left(\frac{17.9}{3 \times 7.6} + \frac{1.0}{7.6} + \frac{0.74}{7.6 + 3.0} + \frac{1.00}{3.0} \right) = 6.6$$

・コイルエンド漏れパーミアンス係数：Λ_{e1}

$$\Lambda_{e1} = 1.13 \cdot k_p^2 \times (L_{e0} + 0.5 L_e)$$

ここで、"k_p=0.940"、"L_{e0}=0.8cm"、"L_e=3.0cm" として計算する。

$$\Lambda_{e1} = 1.13 \times 0.940^2 \times (0.8 + 0.5 \times 3.0) = 2.30$$

・高調波（歯頭）漏れパーミアンス係数：Λ_{h1}
　ここで表7.9より

$$K_{h1}(7/9) = 0.0111 \text{、また、} K_s = \frac{600[\text{AT}]}{313[\text{AT}]} = 1.92$$

として計算すると、

$$\Lambda_{h1} = \frac{3}{\pi^2} \cdot \frac{1}{k_c \cdot K_s} \cdot \frac{\tau_p \cdot L}{l_g} \cdot K_{h1}$$

$$= \frac{3}{\pi^2} \times \frac{1}{1.19 \times 1.92} \times \frac{10.68 \times 15.0}{0.035} \times 0.0111 = 6.76$$

よって、ステータ（1次漏れ）インダクタンス：l_1[H] は、

$$l_1 = 4\pi \cdot \frac{(2n_{ph1})^2}{P} (\Lambda_{s1} + \Lambda_{e1} + \Lambda_{h1}) \times 10^{-9} \text{ [H]}$$

$$= 4\pi \times \frac{(2 \times 114)^2}{4} (6.6 + 2.30 + 6.76) \times 10^{-9}$$

$$= 2.56 \times 10^{-3} \text{ [H]} = 2.56 \text{ [mH]}$$

(8) ロータ（2次漏れ）インダクタンス計算：l_2[H]
・スロット漏れパーミアンス係数：Λ_{s2}
　スロット漏れパーミアンス係数の計算式において、q=1 とおけば、

$$\Lambda_{s2} = \frac{L}{1} \cdot \left(\frac{h_1}{3 \cdot b_1} + \frac{h_2}{b_1} + \frac{h_3}{b_1 + s_2} + \frac{h_4}{s_2} \right)$$

ここで、

$$b_1 = \frac{W_{r1} + W_{r2}}{2} = \frac{7.84 + 1.98}{2} = 4.91$$

$$h_1 = \frac{D_{u2} - D_{b2}}{2} = \frac{132.3 - 80.0}{2} = 26.2$$

として計算する。

$$\Lambda_{s2} = \frac{14.4}{1} \times \left(\frac{26.2}{3 \times 4.91} + \frac{0.0}{4.91} + \frac{1.0}{4.91 + 1.5} + \frac{0.5}{1.5} \right) = 32.65$$

・コイルエンド漏れパーミアンス係数：Λ_{e2}

$$\Lambda_{e2} = \frac{N_{s2} \cdot \tau_p}{3 \cdot P} \cdot g$$

ここで、g は係数であり、一般的に $g=0.2\sim0.35$ の数値に決める。ここでは、$g=0.3$ とした。

$$\Lambda_{e2} = \frac{28 \times 10.68}{3 \times 4} \times 0.3 = 7.48$$

・高調波（歯頭）漏れパーミアンス係数：Λ_h
　ここで表 7.10 より

$$K_{h2}(28/4) = 0.017、また、K_s = \frac{600[\text{AT}]}{313[\text{AT}]} = 1.92$$

として計算すると、

$$\Lambda_{h2} = \frac{1}{\pi^2} \cdot \frac{N_{s2}}{P} \cdot \frac{1}{k_c \cdot K_s} \cdot \frac{\tau_p \cdot L}{l_g} \cdot K_{h2}$$
$$= \frac{1}{\pi^2} \times \frac{28}{4} \times \frac{1}{1.05 \times 1.92} \times \frac{10.68 \times 14.4}{0.035} \times 0.017 = 26.28$$

よって、ロータ（2 次漏れ）インダクタンス：l_2[H] は、

$$l_2 = 4\pi(\Lambda_{s2} + \Lambda_{e2} + \Lambda_{h2}) \times 10^{-9} = 4\pi(32.65 + 7.48 + 26.28) \times 10^{-9}$$
$$= 8.35 \times 10^{-7}[\text{H}] = 0.835 \times 10^{-3}[\text{mH}]$$

※ 2 次 → 1 次換算係数 $\alpha(C.R.)=4532$ より、
　ロータ（2 次漏れ）インダクタンス　1 次側換算値は：l'_2[H]

$$l'_2 = \alpha(C.R.) \cdot l_2 = 4532 \times 8.35 \times 10^{-7} = 3.78 \times 10^{-3} \, [\text{H}] = 3.78 \, [\text{mH}]$$

(9) 励磁インダクタンス：$l_m[\text{H}]$

$$E_1 = j\omega l_m \cdot I_m$$

$$l_m = \frac{E_1}{\omega \cdot I_m} = \frac{E_1}{2\pi f \cdot I_m} = \frac{200}{2\pi \times 50 \times 15.0} = 0.0424 \, [\text{H}] = 42.4 \, [\text{mH}]$$

設計の結果を、図 7.32 の等価回路およびベクトル図にまとめる。

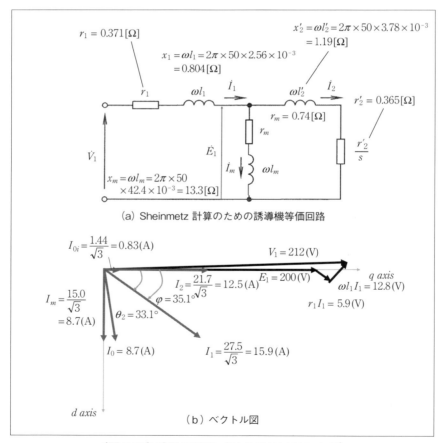

〔図 7.32〕設計の結果（A）7.5kW 1500min^{-1}

(10) 力率・効率計算：

・力率：$\cos\varphi$

図 7.32 (b) ベクトル図から、モータ端子電圧（1 次電圧）V_1=212[V] と、モータ電流 $I_2 = \dfrac{27.5}{\sqrt{3}} = 15.9\,[\text{A}]$ の位相角 $\varphi = 35.1°$ から

$$\cos\varphi = \cos 35.1° = 0.818 = 81.8\,[\%]$$

・効率：η

これまでの設計の中での損失計算結果を表 7.12 にまとめ、これより効率を計算した。

$$\eta = \frac{P_{out}}{P_{out} + P_{loss}} = \frac{7500}{7500 + 1002} = 0.882 = 88.2\,[\%]$$

7.4.5　設計結果まとめ

文頭に述べたように本設計例は、定出力特性を前提にした誘導モータの設計例について述べた。これまで計算した内容は、モータの定トルク領域の定格出力点 A の設計計算例である。モータの特性を決めるもう 1 つの出力点は、定出力領域における最高回転速度の定格出力点 B があり、この出力での設計計算も、これまでの設計式を用いて計算が可能である。ただし定出力時最高回転速度は、定トルク領域回転速度の 4 倍あるため、励磁電流 I_m は 1/4 まで低減し、ギャップ磁束密度 B_g を 1/4 にすることで、逆起電力を同一する必要がある。（図 7.33 参照）

これら 2 つの出力点についての設計結果を、以下の表 7.13 にまとめる。

〔表7.12〕モータ損失計算まとめ

モータ損失				設計値
1 次	銅損	W_{c1}	[W]	281
	鉄損	W_{i1}	[W]	500
2 次	銅損	W_{c2}	[W]	171
	鉄損	W_{i2}	[W]	※すべりが小さいため無視
機械損		W_m	[W]	50（※軸受損失）
総損失		W_{loss}	[W]	1002

第7章◇誘導モータの設計

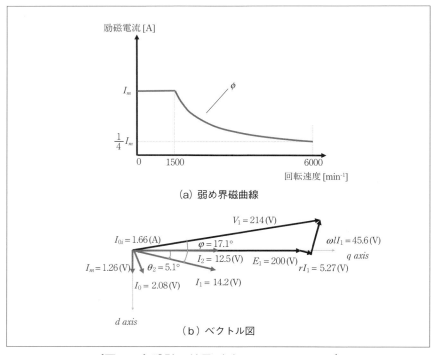

(a) 弱め界磁曲線

(b) ベクトル図

〔図7.33〕設計の結果（B）7.5kW 6000min^{-1}

〔表 7.13〕設計結果のまとめ

No.	設計項目		単位	(A) 7.5kW 1500min^{-1}		(B) 7.5kW 6000min^{-1}	
	定出力特性			定出力比 A：B = 1：4			
1	トルク		N-m	T_a	47.7	T_b	11.9
2	回転磁界周波数		Hz	f_a	50	f_b	200
3	ステータ (1次)	抵抗	Ω	r_1	0.371		
4		インダクタンス	mH	l_1	2.56		
		リアクタンス	Ω	x_{1a}	0.804	x_{1b}	3.21
5	ロータ (2次) 1次換算	抵抗	Ω	r_2	0.365		
6		インダクタンス	mH	l_2	3.78		
		リアクタンス	Ω	x_{2a}	1.19	x_{2b}	4.76
7	逆起電圧		V	E_1	200		
8	ギャップ磁束密度		T	B_{ga}	0.895	B_{gb}	0.224
9	鉄損		W	W_{ia}	500	W_{ib}	1000
10	鉄損抵抗		Ω	r_{ma}	0.74	r_{mb}	70.1
11	励磁インダクタンス		mH	l_{ma}	42.4		
12	励磁電流		A	I_{ma}	15.0	I_{mb}	2.18
13	鉄損電流		A	I_{0ia}	1.44	I_{0ib}	2.88
14	無負荷電流		A	I_{0a}	15.1	I_{0b}	3.61
15	負荷電流（2次電流）		A	I_2	21.7		
16	2次電流相差角		deg.	θ_{2a}	33.1	θ_{2b}	5.1
17	電機子電流（1次電流）		A	I_{1a}	27.5	I_{1b}	24.7
18	モータ端子電圧(1次電圧)		V	V_{1a}	212	V_{1b}	214
19	1次銅損		W	W_{c1a}	281	W_{c1b}	226
20	2次銅損		W	W_{c2a}	171	W_{c2b}	171
21	すべり		%	s	2.3		
22	機械損（軸受損）		W	W_{ma}	50	W_{mb}	200
23	全損失		W	W_{lossa}	1002	W_{lossb}	1597
24	力率角		deg.	φ_a	35.1	φ_b	17.1
25	力率		%	$\cos\varphi_a$	81.8	$\cos\varphi_b$	95.6
26	効率		%	η_a	88.2	η_b	82.4

参考文献

(7-1) 村上孝一著「大学課程 電気機器工学」、3.4 等価回路（Equivalent circuit）、pp.48-50、オーム社出版局

(7-2) 横関政洋、山口正人著「[改訂版] 徹底解説 電動機・発電機の理論」、第4章同期機、第5章誘導機、pp.128-140、pp.228-246、Energy Chord 出版（2015年10月改訂版）

(7-3) 宮本恭祐 長崎大学大学院学位論文「永久磁石同期機における高効率化と実用化に関する研究」、第3章 高効率・高精度巻線方式～分数スロット巻線方式の検討～（分数スロット巻線特性解析手法の研究）、pp.51-94、長崎大学電子リポジトリ
（http://naosite.lb.nagasaki-u.ac.jp/dspace/handle/10069/34097）

(7-4) 竹内寿太郎原著「大学過程 電機設計学」、3.2 三相同期発電機の設計、pp.63-67、オーム社出版局

(7-5) 安川モートル株式会社 中大容量高圧三相かご形誘導電動機 NB シリーズ カタログ

(7-6) 電気工学ハンドブック（第7版）15編 同期機・誘導機 8章、8.1節 3相誘導電動機、p.787、電気学会（2013年9月20日）

(7-7) 野田伸一、小山泰平、白石成智共著、第29回モータ技術シンポジウムテキスト、セッション F1 大容量モータの冷却技術、「省メンテナンス・低騒音を目指す鉄道車両の全閉外扇形主電動機の開発（株式会社 東芝）」、日本能率協会（2009年4月15日）

(7-8)（株）安川電機編「インバータドライブ技術（第3版）」、1.2 電動機の種類と動作原理、pp.12-15、日刊工業新聞社

(7-9)（株）安川電機 スーパー省エネ高圧インバータ FSDrive-MV1S、FSDrive-MV1000 カタログ

(7-10)（株）安川電機編「インバータドライブ技術（第3版）」、1.6 誘導電動機の高性能制御、pp.60-72、日刊工業新聞社

(7-11)（株）安川電機編「インバータドライブ技術（第3版）」、13.1 エレベータ、pp.279-287、日刊工業新聞社

(7-12)（株）安川電機編「インバータドライブ技術（第3版）」、6.1 ファン・

ブロワの運転特性、pp.187-189、日刊工業新聞社
(7-13) 三井三池製作所 トンネル送風機 ホームページ：
　　 https://www.mitsuimiike.co.jp/product/hydraulics/index.html
(7-14) （株）安川電機編「インバータドライブ技術（第3版）」、第8章 工作機械（2）主軸ドライブ、pp.211-224、日刊工業新聞社
(7-15) 社団法人 日本工作機械工業会「3.2 主軸関連の設計」"工作機械の設計学（応用編）―マザーマシン設計のための基礎知識―"、pp.179-214（平成15年6月10日）
(7-16) （株）安川電機 工作機械用主軸モータカタログ「工作機械用AC主軸ドライブ VARISPEED-626M5 DRIVE ビルトインモータ対応形」資料番号 KA-S626-7.3B（2010年5月作成）
(7-17) 竹内寿太郎著「初等数学 電気機器設計」、3.6 かご形誘導電動機の設計、オーム社出版局
(7-18) H. Sequentz著、三井久安、松延謙次、松井昌夫訳「電機コイルの製作と保守」、同期機および誘導機の固定子コイル、開発社（1990年1月初版）
(7-19) 日野太郎編集「JIS使い方シリーズ 電気絶縁材料選択のポイント」、2 回転機、2.1 はじめに、pp.23-28、2.2 回転機への絶縁材料適用例、pp.28-43、日本規格協会（1987年5月30日初版）
(7-20) R.リヒター原著、廣瀬敬一監修、一木利信外訳「電気機器原論」、コロナ社、（昭和42年5月30日初版）
(7-21) 竹内寿太郎原著「大学課程 電機設計学」、4.2 巻線形三相同期発電機の設計例、pp.81-38、オーム出版局

第8章

定数可変モータ

第3章で述べたモータ設計の概要では、まず仕様で定格速度や定格出力等が与えられ、その定格点で特性等を最適にすることが基本であった。しかしながら、モータの応用事例を考えた場合、用途に特化した特性を持つモータ設計を実施する必要がある。たとえば、自動車駆動用モータの場合、低速領域での高トルク駆動と高速領域での可変トルク駆動、あるいは広い速度可変範囲と高効率範囲を持つことが必要であり、それぞれが背反した設計課題となって、1台のモータでその特性を実現することは困難であった。そのような課題に対して、大学や企業から様々な解決策が提案され、開発研究が活発化している。本章では、それらのモータについて簡単に紹介し、筆者らが開発しているモータについて詳細に述べる。

8.1　定数可変・界磁可変モータの研究動向

　図8.1に永久磁石モータにおけるトルクー速度特性と効率マップを示す。図(a)で示されるモータ(A)は、低速で高トルクを得るために永久磁石による磁束鎖交数を大きく、極もしくは巻数が多めに設計されたモータである。そのため、高速領域において誘導起電力が増加し、供給電圧の制限によりトルク特性は急激に下降する。それに対して、図(b)で示されるモータ(B)は、高速領域を広くとるために、永久磁石による磁束鎖交数を小さく、極もしくは巻数が少なめに設計されており、誘導起電力の増加が抑えられる。しかしながら、低速領域においてトルク

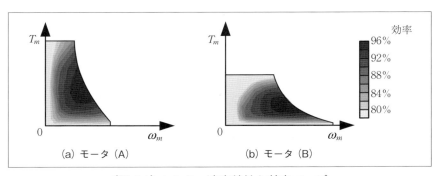

〔図8.1〕トルクー速度特性と効率マップ

出力を大きくすることが困難となる。また、図には一般的な効率マップも示しているが、それぞれのモータにおいて高効率となる範囲は図のように限られた範囲となる。低速領域においては銅損が支配的になるため、固定子電流と永久磁石による磁束鎖交数とのバランスを考慮して、永久磁石を大きくするほうが高効率となり、モータ（A）が高効率となる。しかしながら、高速領域では鉄損が支配的になり、モータ（B）が高効率となる。以上のように、1台のモータが低速領域での高トルク駆動と高速領域での可変トルク駆動、あるいは広い速度可変範囲と高効率範囲を持つことは、それぞれが背反した設計課題となる。

また、マグネットトルクにリラクタンストルクを併用する埋込型永久磁石モータが、高効率・広速度可変範囲を持つモータとして、様々な用途に用いられている。しかしながら、リラクタンストルクは固定子巻線に供給する電流の二乗に比例するため、低速領域における銅損を低減する高効率運転は難しい。また、高速領域における永久磁石の磁束鎖交数を抑えるために導入する、2.3.1項で述べた弱め磁束制御は、永久磁石の磁束変化による鉄損の低減に役立つが、この制御電流が銅損を増加させるため、特に軽負荷・高速領域での高効率化に課題を残している。

以上のような背反した設計問題を解決するために、様々な工夫を施した新型モータが提案され、家庭電化製品や自動車用モータとして開発されている。以下に永久磁石モータをベースとして改良された日本国内の開発事例を示し、簡単に紹介する。

1) 固定子電機子巻線の巻線数を可変とする。
　「巻線切替えモータ」
2) 回転子に装着した永久磁石の磁化を可変とする。
　「可変磁力メモリモータ」
3) 分割永久磁石回転子の相対位置をずらして総合磁束を可変とする。
　「可変磁束モータ」、「可変界磁モータ」
4) 漏れ磁束を受動的に変化させてステータ鎖交磁束数を可変とする。
　「漏れ磁束制御型可変特性モータ」
5) 永久磁石界磁と巻線界磁のハイブリッド励磁

「巻線界磁式クローポールモータ」
「半波整流ブラシなし同期モータ」
「ハイブリッド界磁モータ」

1) 巻線切替えモータ [8-1]

詳細は 8.2 節にて述べるが、本モータの特徴は、図 8.2 に示すようにスター結線された各相の固定子巻線に半導体スイッチを用いた中間タップを施していることである。その半導体スイッチを切替えることで、低速時には全巻線を利用し、高速時には中間タップを短絡し半分の巻線を利用する。これにより、低速時用巻線から高速時用巻線への切替えが即座に可能となり、固定子巻線への磁束鎖交数が半分となるため、同じ電流に対して2種類のトルク特性を持つことになる。モータとインバータの外観を図 8.3 に示す。

2) 可変磁力メモリモータ [8-2] [8-3] [8-4]

本モータは、モータの固定子巻線に d 軸磁化電流を瞬時的に数十 ms 程度印加することで、回転子に配置した低保磁力を持つアルニコ磁石や

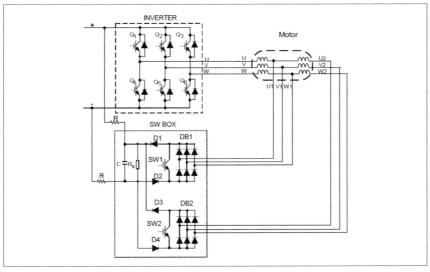

〔図 8.2〕巻線切替え回路の構成 [8-1]

第8章 ◇ 定数可変モータ

サマリウムコバルト系磁石等の磁力を可変とし、q軸電流との間でトルクを発生するモータである。したがって、通常の永久磁石モータに適用する弱め磁束制御のようにd軸電流を連続で供給する必要はなく、銅損の低減が可能となる[(8-2)]。しかし、低保磁力の可変磁力磁石のみでは、動作点での磁束密度が小さく高出力が得られない。そこで、可変磁力磁石と並列[(8-3)]もしくは直列[(8-4)]に磁気回路を構成するように、固定磁力磁石を併用した事例が紹介されている。図8.4、図8.5には並列磁気回路の構成例を示す。この手法では、固定磁力磁石によりある程度の磁束密度を確保し、d軸電流により同方向に磁化した場合は可変磁力磁石の磁束密度だけ増加し、逆方向に磁化した場合はその差分だけ減少する。よっ

〔図8.3〕モータとインバータの外観 [(8-1)]

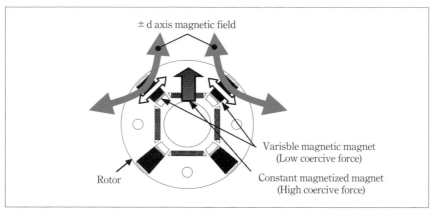

〔図8.4〕並列型原理モデル [(8-3)]

- 254 -

て、回転子永久磁石による総磁束鎖交数を固定子側から可変とすることができる。このモータは、(株)東芝製の洗濯乾燥機に実用化されている。

3-1) 可変磁束モータ [8-5] [8-6]

　本モータは、図8.6に示すようにSPMモータの回転子を2分割し、回転子1は通常の回転子と同様にシャフトに固定されベアリングと軸受けにて支持されているが、もう一方の回転子2はアクチュエータを持つ支持機構に接続されており、回転子1と同じシャフト上に付けられたスプラインに沿って軸方向に移動可能な構造としている。回転子2はアクチュエータによる軸方向の移動量に比例して、周方向に最大で電気角の半回転まで回転できる。これにより、回転子1の磁極位置に対して、回転子2の磁極相対位置を変化させることが可能となり、固定子巻線から見た永久磁石の有効磁束数が可変可能であり、誘導起電力をゼロにすることもできる[8-5]。このモータでは、EV用モータとして利用する場合に、高速領域における弱め磁束制御による効率低下を防ぐ目的でのバッテリーモジュールの増加や昇圧回路を設ける必要もなく、永久磁石磁束数が可変可能なため、高効率範囲を高速領域に移動可能となる[8-6]。

3-2) 可変界磁モータ [8-7] [8-8]

　詳細は8.3節にて述べるが、本モータは、図8.7に示すようにマグネットをV字に配置したIPMモータのロータ磁極を軸方向に3分割し、

〔図8.5〕原理検証機の回転子 [8-3]

両側の磁極はシャフトに固定し、中央の磁極が両側の磁極に対しシャフト上を回転する構造としている。中央の磁極と両側の磁極の回転方向に対する相対的な電気角が0度のときが通常の状態であり、磁界の強さは最大である。しかし、その相対角が大きくなるに従い、V字に配置したIPMモータでは、ロータ内において異なる磁極が軸方向に揃うことになり、マグネットからの磁束数がロータ内で軸方向に短絡し、その分ロータからステータに鎖交する磁束数が減少し、誘導起電力が減少する。特

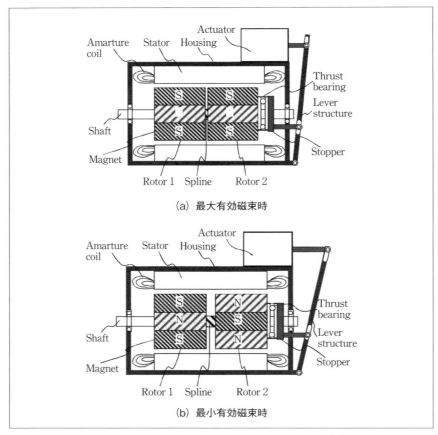

〔図 8.6〕磁束可変型永久磁石モータの構成 [8-6]

に相対角が電気的に180度の状態において、誘導起電力はゼロとなる。また、中央の磁極をアクチュエータで回転できるように工夫した試作機（図 8.8）も報告されている[8-8]。

4）漏れ磁束制御型可変特性モータ[8-9][8-10][8-11]

　上記に紹介した定数可変・界磁可変モータが能動的な可変特性モータであるとすると、本モータは受動的な可変特性モータであるが、機械的な構造追加やシステムの複雑化を伴うことがなく、低～中負荷、高速域での効率向上が期待できる。

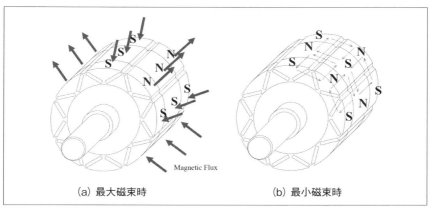

〔図 8.7〕ロータ構造[8-7]

〔図 8.8〕モータ外観[8-8]

通常の埋込型永久磁石モータは、図8.9（a）に示すように、回転子に配置した隣接磁石間、もしくは同磁石磁極間を短絡する漏れ磁束の削減を目的として、フラックスバリアとなる空隙を設ける。しかしながら、本モータは、図8.9（b）に示すように[8-9]、隣接磁石への磁束バイパス路を設けていることに構造的特長がある。これにより、無負荷時には磁石磁束が隣接磁石へ短絡することでステータ鎖交磁束数が抑制され、有負荷時には電機子反作用により磁束バイパス路よりもステータ側へ経由する磁路のリラクタンスが小さくなるため、磁束短絡が抑制されてステータ鎖交磁束数が増加する[8-10]。さらに、この磁束バイパス路による漏れ磁束短絡効果は、無負荷時だけでなく高速時にもステータ鎖交磁束数を抑制するため、鉄損の低減による効率向上が実現され[8-11]、通常の埋込型永久磁石モータよりも少ない弱め界磁進角にて、最大出力運転が可能となり[8-9]、永久磁石への反磁界低減と耐熱温度向上も期待される。

5-1）巻線界磁式クローポールモータ[8-12]

　本モータは、図8.10、図8.11に示すように回転子をクローポール構造とし、界磁コイルによって界磁を調整する、脱レアースモータとして提案されている。研究では、10kW、100Nm程度の比較的小容量なマイルドハイブリッド用モータを想定し、扁平大径形としている。クローポール形状としては、オルタネータと呼ばれる発電機があるが、これに

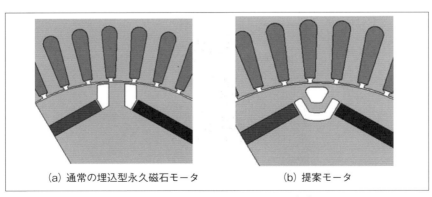

(a) 通常の埋込型永久磁石モータ　　　(b) 提案モータ

〔図8.9〕回転子鉄心構造の比較[8-9]

対して、界磁コイル部を固定子側に配置し、回転子と空隙を設けたブラシレス給電方式を採用している。また、回転子鉄心の磁路を考慮すると塊状鉄心とするのが一般的であるが、本モータでは効率向上を目的として、積層磁極構造としている。さらに、回転子内部に発生する漏れ磁束による磁気飽和を緩和するために、回転子外周のクローポール間にフェライト磁石を挿入することで、界磁コイルによる磁束と逆向きの磁束を発生させ、回転子磁気回路の動作点を非飽和領域にシフトさせている。試作機の評価として、最大トルク100Nmが実現され、中速低トルク領域において、PMSMと同等レベルの効率を得ている。

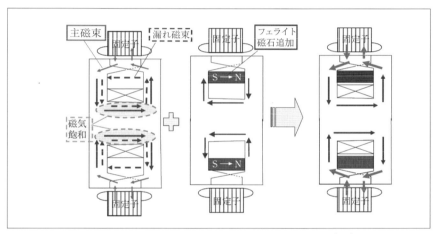

〔図 8.10〕磁石搭載による磁気飽和緩和の原理 [8-12]

〔図 8.11〕試作機回転子 [8-12]

5-2) 半波整流ブラシなし同期モータ[8-13]

　詳細は8.4節にて述べるが、本モータ（図8.12、図8.13）は、通常の突極回転子に界磁巻線を施した同期モータであるが、回転子界磁巻線はダイオードで単相短絡され、ブラシとスリップリング、界磁用電源は不要である。固定子巻線にq軸トルク電流とともに交流のd軸励磁電流を供給することで、回転子界磁巻線に一定磁束を誘導する半波整流ブラシなし励磁を採用している。この励磁方法は、d軸励磁電流として同期速

〔図8.12〕商品名：VARIFIELD（5.5kW, 7.5kW, 11kW）

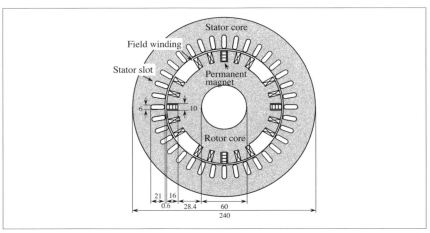

〔図8.13〕永久磁石を併用した構造図

度に対して数倍の周波数を持つ三角波電流を利用し、この三角波電流に同期した磁束が回転子巻線に鎖交し、その磁束を一定に保つようにダイオードがオン・オフを繰り返す。これにより、通常の直流励磁と同様な一定の界磁磁束が得られ、q軸トルク電流との積に比例したトルクが発生する。さらに、突極回転子に永久磁石を挿入することで、半波整流励磁によるトルクと併用することも可能である。文献 (8-13) では、永久磁石を併用する場合の設計例や実験による出力特性を紹介している。

5-3) ハイブリッド界磁モータ [8-14] [8-15]

　本モータは、磁石界磁と巻線界磁を併用し協調作用させることで、総界磁磁束量を動作点に応じて自在に可変できる。文献 (8-14) では最大出力 123kW、最高回転数 20,000rpm の HEV 駆動用省レアアースハイブリッド界磁モータとして紹介されている。回転子は、図 8.14、図 8.15 に示すようにハイブリッドステッピングモータと類似構造で、軸方向に配した N 極/S 極ロータ鉄心（片側 10 突極）の軸方向中央に、軸方向着磁の平板円盤希土類磁石を持つ。固定子構造は、集中巻線分数スロットを採用し（20 極 24 スロット）、その両端からトロイダル界磁コイルを配した圧粉磁心界磁極コアで挟み込む。さらに回転子内周側と固定子外周側には磁束バイパスの役割を担う圧粉磁心コアがある。トロイダル界磁

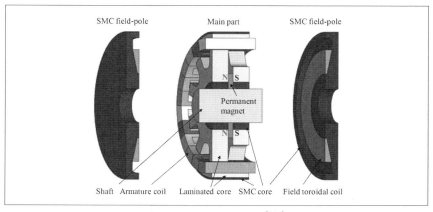

〔図 8.14〕モータ構造 [8-14]

第8章◇定数可変モータ

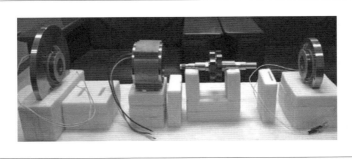

〔図8.15〕サブアッシー集合写真[8-14]

コイルに非通電の場合は、永久磁石による界磁のみが固定子巻線に鎖交するが、動作点に応じてトロイダル界磁コイルへの通電方向を可変にすることで、弱め界磁制御と強め界磁制御が可能となる。ダウンサイズ試作機の特性試験[8-15]によると、弱め界磁制御で永久磁石界磁に対して-100%、すなわち固定子巻線への磁束鎖交数をゼロに制御可能で、強め界磁制御で+258%の効果を確認している。

8.2 巻線切替えモータ [8-1] [8-16] [8-17]

本節では、(株)安川電機が提案している巻線切替えモータについて説明する。

8.2.1 モータの概要

巻線切替えモータは、ステータ巻線の巻数を切替えることによってモータ定数を変化させる。図8.16は巻線の構成を示している。モータは低速時に使用する低速巻線と、高速時に使用する高速巻線を有している。

図8.17(a)に低速巻線のみを用いた場合のモータ特性を示す。同図(b)に高速巻線のみを用いた場合のモータ特性を示す。低速巻線のみでは高速まで駆動することが難しいが、高いトルクを得ることができる。高速巻線のみでは、高速まで駆動することができるが、低いトルクとなる。そこで高速巻線と低速巻線を切替えることで、図8.18に示すように低速側で大トルク特性と高速まで駆動できるモータ特性を両立できる。

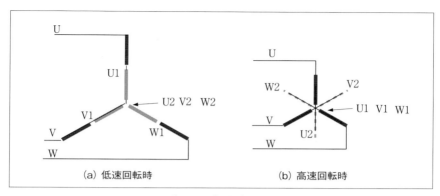

〔図 8.16〕巻線構成

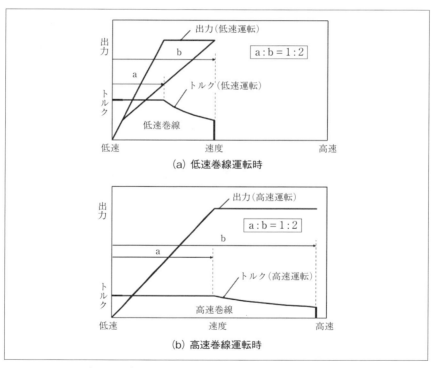

〔図 8.17〕巻線切替えモータのトルク・出力特性

8.2.2 ドライバの概要

従来の工作機械用モータドライブにおける電磁接触器等を用いた巻線切替え方法としては、Y/Δ結線の巻線切替えやY結線の巻線中に設けた多重タップを切替える方法がある。しかし、巻線の切替えは機械的なスイッチにより行われるため、数百ミリ秒の制御不能なデッドタイムを生じてしまう。これをEV・HEVの駆動用に適用すると、巻線切替え時のトルク変動によって運転手、同乗者がショックとして感じる場合がある。

開発した電子式巻線切替え技術では、半導体素子を巻線切替えスイッチとして備え、高速で巻線切替え動作が可能である。

8.2.3 巻線切替え時の動作説明

図8.19に電子式巻線切替えの回路構成を示す。図に示すとおり、モータはY結線で各相に中間接続点U1、V1、W1を備えている。巻線切替え回路は、2個の三相ダイオードブリッジおよび2個のIGBTを用いることで切替えスイッチの機能を持たせている。低速回転時の巻線は図に示すSW1をOFFに、SW2をONすることにより選択する。この動作はU2、V2およびW2を短絡させ、全巻線を使ってY結線を構成することになる。高速回転時の巻線を選択する場合はSW1をONに、SW2をOFFにする。定常状態では、どちらか一方のスイッチしかONとはならない。また、始動時や巻線切替え時の過渡電流を低減させるために、図

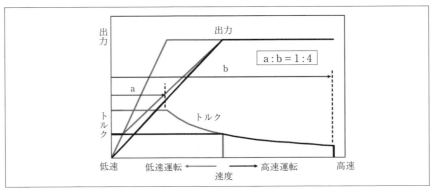

〔図8.18〕巻線切替えモータの定出力比

に示すように直流電源とスナバコンデンサCの両端との間に電流抑制抵抗Rを設けている。

図8.20に、実際に低速巻線から高速巻線に切替わる瞬間の電流波形を示す。モータ電流は巻線切替え動作の前後で完全につながっており、トルク変動なしにスムーズに切替えられることがわかる。

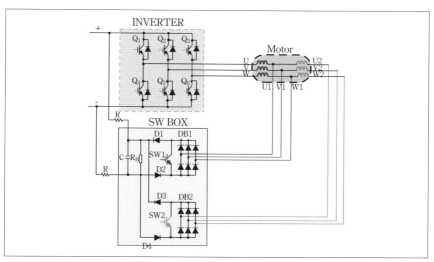

〔図8.19〕回路構成

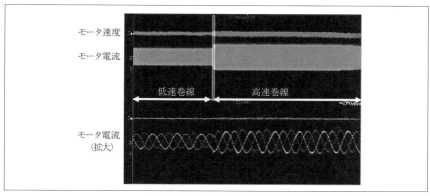

〔図8.20〕加速時（低速巻線から高速巻線への切替え）のモータ電流と速度の実測値

巻線切替えモータドライブは、低速巻線での運転と高速巻線での運転があるため、低速モータと高速モータの2つの特性を併せ持つ。この特長が顕著に表れるのが効率である。図8.21に巻線切替えモータドライブとしての総合効率（インバータおよびモータ）の実測結果を示す。通常のモータドライブでは、ある速度、トルクの状態に最高効率ポイントが存在し、そのポイントから離れるに従って、徐々に効率は低下する。しかし、巻線切替えモータドライブでは、低速モータとしての最高効率ポイントと高速モータとしての最高効率ポイントが存在し、1台のモータとしてはその組合せの特性となるため、高効率で運転できる領域が広範囲になる。
　本技術を搭載したモータおよびインバータの概観を図8.22に示す。

8.3　可変界磁モータ [8-7] [8-8] [8-18] [8-19]
　本節では、（株）安川電機が提案している可変界磁モータについて説明する。
8.3.1　可変界磁モータの構造
　可変界磁モータは、モータの界磁を増減させることによってモータ定

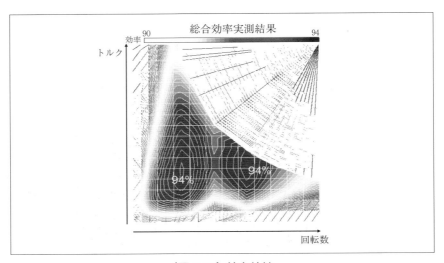

〔図8.21〕効率特性

数を変化させる。本モータのステータは通常のステータ構造であるが、ロータは磁石の界磁を変化させる構造を備えている。

a）ロータ構造

図8.23にロータ構造を示す。ロータは磁石をV字に配置したIPM構

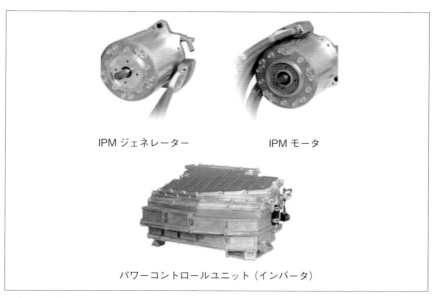

IPMジェネレーター　　　　IPMモータ

パワーコントロールユニット（インバータ）

〔図8.22〕マツダプレマシーハイドロジェンREハイブリッド用電気品外観

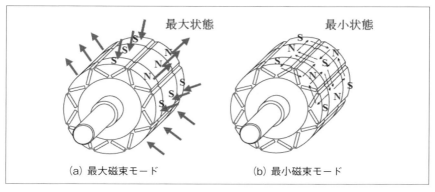

(a) 最大磁束モード　　　　(b) 最小磁束モード

〔図8.23〕ロータ構造

造の断面を有し、軸方向に3分割されている。両端の磁極は固定されており、中央の磁極は両端の磁極に対して相対的に回転可能となっている。以下ロータの中央の磁極と両端に磁極との角度を相対角と呼ぶことにする。また中央の磁極を回転させることを回動と呼ぶことにする。

　N極やS極が一列に並んでいる場合はロータから出る磁束は強いが、異なる極が並んでいる場合は、ロータ内部で磁束がショートカットするため、ロータから出る磁束は弱くなる。このように相対角によってロータから出る磁束の量を変化させることができるので、誘起電圧の大きさを変化させることができる。また相対角を大きくして界磁を弱めれば、ステータの鉄損を小さくすることもできる。

b）界磁可変機構

　図8.24に可変機構の一例を示す。3分割されたロータの、中央の磁極の半径方向内側に捻りスプラインがあり、雄側と雌側が噛合っている。この雄側の捻りスプラインと接続されたプッシュロッドがロータの反負荷側より出ている。これを軸方向に上下動することで雄側の捻りスプラインが連動し、中央の磁極が回動する。

　モータが運転中であればロータ全体は高速で回転しているため、プッシュロッドも高速で回転する。このプッシュロッドの先端に軸方向荷重

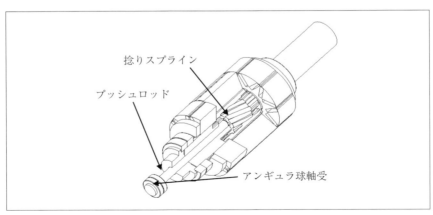

〔図8.24〕界磁可変機構

を受けながら回転することができるアンギュラ球軸受を設けている。軸受の外輪を上下動することで、高速回転しているロータに対し、中央の磁極を回動させることが可能となる。

　プッシュロッドの位置を制御することで、中央の磁極を任意の相対角に調整できる。この機構ではプッシュロッドを軸方向に押し引きすればよいので、要求するコストや精度に合わせた、任意の直動アクチュエータを取り付けることで界磁を制御することが可能である。

8.3.2　モータ特性

　上述の可変機構を適用し試作したモータの特性について説明する。図8.25にモータの外観と、図8.26にロータの外観を示す。プッシュロッドは、ウォーム減速機等を介したサーボモータによって上下動が可能で

〔表 8.1〕目標仕様

ポール数	8
スロット数	12
最大出力 (kW)	52
最大トルク (N・m)	200 以上
最大回転数 (min-1)	17500 以上
ケース外径 (mm)	180
全長 (mm) ※1	301
電源電圧 (Vac)	400

※1 シャフト除く

〔図 8.25〕試作モータ

ある。出力密度は電磁部では約 $15 \times 10^6 \mathrm{W/cm^3}$、モータ全体としては約 $8 \times 10^6 \mathrm{W/cm^3}$ であった。

a) 誘起電圧

図 8.27 および図 8.28 に、相対角と誘起電圧の関係を示す。相対角が大きいほど誘起電圧が小さくなっている。相対角が 0deg のときが最大磁束モード状態であり、誘起電圧定数は 37.1mV/rpm であった。相対角が 180°のときが最小磁束モード状態であり、0.01mV/rpm であった。サーボモータによって誘起電圧定数を 0～100% まで任意の値に変化できる。

〔図 8.26〕最小磁速モード時の試作ロータ

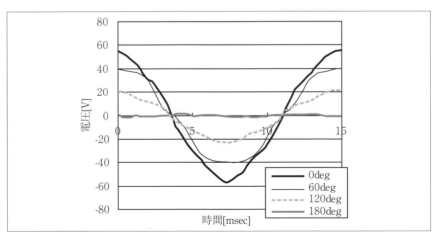

〔図 8.27〕各相対角における誘起電圧波形（U 相、1,000rpm 時）

b) 最大トルク

図8.29に、最大磁束モード状態におけるモータ無回転時のトルクと電流の関係を示す。最大で225N·mと、表8.1で示した設計目標（200N·m）以上のトルクを出すことができている。

8.3.3 駆動特性

図8.30に可変界磁モータの駆動システムの概略図を示す。従来のモータの制御に加え、可変界磁機構の制御を行うことが特徴である。最大

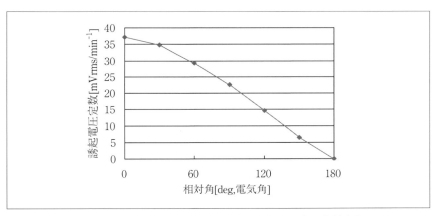

〔図8.28〕相対角と誘起電圧の関係（基本波の実効値）

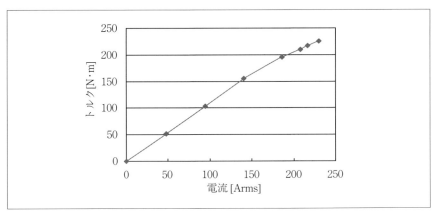

〔図8.29〕トルクと電流の関係（最大磁束モード状態）

出力制御や最大効率制御をベースに界磁のコントロールを行っている。図 8.31 に効率マップの例を示す。EV 用モータでは最大出力で 1：5 の可変速範囲が要求されると言われている。最大では 1：10 の可変速範囲が要求されると推測される。図 8.31 は駆動ドライバの制限により、10,000min^{-1} 付近までの駆動となっているが、可変界磁モータは広い可変速範囲での駆動と高効率な駆動とが可能となる。

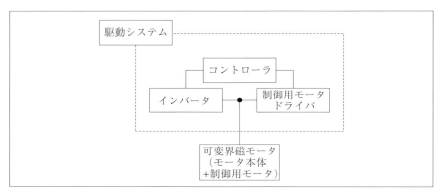

〔図 8.30〕駆動システムと可変界磁モータの概要図

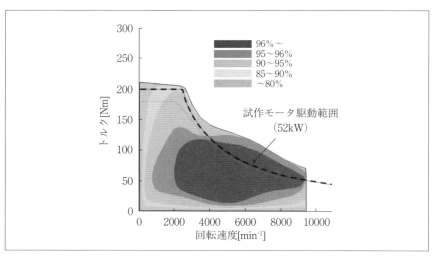

〔図 8.31〕効率評価（実測値）

8.4 半波整流ブラシなし同期モータ [8-13] [8-20] [8-21] [8-22]

本節では、長崎大学にて筆者らが開発研究している「半波整流ブラシなし同期モータ」に関して、その特徴である半波整流ブラシなし励磁法、さらにトルク発生原理や特性等について解説する。本モータは、回転子に界磁巻線を配置し、固定子巻線より界磁の励磁を制御する界磁可変モータであり、さらに永久磁石との併用も可能でありハイブリッド界磁モータにも分類される。ただし、ハイブリッド界磁の場合には、半波整流ブラシなし励磁と永久磁石界磁とのバランス設計が重要となる。

8.4.1 モータ構成と特長

図8.32に永久磁石を併用した半波整流ブラシなし同期モータの構成図を示す。本モータは、次のように構成される。

(1) 磁極に永久磁石が埋め込まれダイオードで単相短絡された界磁巻線を持つ回転子と、通常の三相巻線が施された固定子からなる「モータ本体」
(2) 指令された三相交流電流を発生する「電圧形PWMインバータ」
(3) 回転子位置に同期したブラシなし励磁電流指令とトルク電流指令を演算する「電流ベクトル制御装置」

本モータは後述する半波整流ブラシなし励磁方式を用いた界磁可変モータであり、必ずしも永久磁石を用いる必要はないが、高効率や高出力

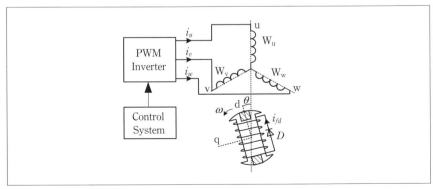

〔図8.32〕モータの構成図

化のために、永久磁石による界磁を併用するハイブリッド界磁モータとしても動作可能であり、以下の特徴を持つ。

(a) 回転子巻線はダイオードで単相短絡された単相巻線、固定子巻線は通常の三相巻線のみであり、簡単かつ堅牢なブラシなし構造である。

(b) 界磁磁束の制御が可能なため、高速運転領域にて、弱め界磁運転が可能である。

(c) 回転子は常に一方向に励磁され、永久磁石の減磁起磁力が発生しない。

(d) 永久磁石ならびに界磁巻線を回転子上に適切に配置することにより、界磁磁束分布を正弦波に近づけることができ、コギングトルクを減少できる。

ただし、永久磁石材料の磁気抵抗は、通常の鉄心材料に比べて大きく、ギャップと同等であるため、回転子表面に永久磁石を装着することにより、永久磁石によるトルク成分が得られる反面、半波整流ブラシなし励磁に対する有効な磁路断面積が減少し、半波整流ブラシなし励磁方式によるトルク成分が減少する。そのため、本モータを設計する場合、ネオジム磁石等、できるだけ保持力および残留磁束密度の大きな永久磁石材料を使用すること、使用する永久磁石材料、モータ容量、弱め界磁運転範囲を考慮して、永久磁石の磁束鎖交数と半波整流ブラシなし励磁による界磁磁束鎖交数を適切に選定することなどが必要である。

なお、本モータには、

(e) バイアス周波数の脈動トルクが存在する。

(f) 励磁電流が固定子三相巻線に供給されるため、皮相力率が低下する。

などの問題点があるが、脈動トルクは、バイアス周波数を機械的共振周波数に比べて十分に大きく選定し、設計パラメータを適切に設定するなどの工夫により、その影響を軽減することができる。

8.4.2 半波整流ブラシなし励磁法とトルク発生原理

図8.33に半波整流ブラシなし同期モータのdq軸原理図を示す。本モータのdq軸に対する電圧方程式は次のように書ける。

$$\left.\begin{aligned} e_d &= \frac{d}{dt}\Psi_d - \omega\Psi_q + r_a i_d \\ e_q &= \frac{d}{dt}\Psi_q + \omega\Psi_d + r_a i_q \\ e_{fd} &= \frac{d}{dt}\Psi_{fd} + r_{fd} i_{fd} \end{aligned}\right\} \quad \cdots\cdots\cdots\cdots\cdots\cdots\cdots (8.1)$$

ここで、

$$\left.\begin{aligned} \Psi_d &= L_d i_d + M_{fd} i_{fd} + (M_{fd}/L_{fd})\Psi_{PM} \\ \Psi_q &= L_q i_q \\ \Psi_{fd} &= M_{fd} i_d + L_{fd} i_{fd} + \Psi_{PM} \end{aligned}\right\} \quad \cdots\cdots\cdots\cdots (8.2)$$

ただし、e_d, e_q：dq 軸電圧、i_d, i_q：dq 軸電流、Ψ_d, Ψ_q：dq 軸磁束鎖交数、e_{fd}：界磁巻線電圧、i_{fd}：界磁巻線電流、Ψ_{fd}：界磁巻線磁束鎖交数、Ψ_{PM}：永久磁石による磁束数、L_d, L_q：dq 軸自己インダクタンス、L_{fd}：界磁巻線自己インダクタンス、M_{fd}：相互インダクタンス、r_a, r_{fd}：巻線抵抗。

図 8.34 に半波整流ブラシなし励磁法とトルク発生を説明するための電流および磁束波形を示す。今、回転子位置 θ に同期し、バイアス周波数 ω_b の変調波形 $A_f(t)$ によって振幅変調された

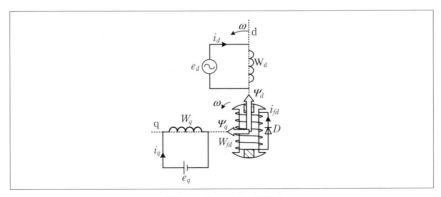

〔図 8.33〕dq 軸原理図

$$\left.\begin{array}{l}i_{uf} = A_f(t)\cos\theta \\ i_{vf} = A_f(t)\cos(\theta - 2\pi/3) \\ i_{wf} = A_f(t)\cos(\theta - 4\pi/3)\end{array}\right\} \quad \cdots\cdots\cdots\cdots\cdots\cdots\cdots\cdots\cdots\cdots \quad (8.3)$$

なる三相電流を図 8.32 の固定子三相巻線に流す。(2.8) 式を利用して、3 相 2 相変換を行うと、dq 軸電流は、

$$\left.\begin{array}{l}i_d = \sqrt{\dfrac{3}{2}} A_f(t) \\ i_q = 0\end{array}\right\} \quad \cdots\cdots\cdots\cdots\cdots\cdots\cdots\cdots\cdots\cdots\cdots\cdots \quad (8.4)$$

となり、図 8.33 の回転子 d 軸に同期して回転する d 軸単相巻線 W_d に交流電流 i_d を流して得られるような脈動起磁力が発生する。すなわち、回転子 d 軸上には、図 8.34 に示すようなバイアス周波数 ω_b で脈動する磁束鎖交数 $M_{fd}i_d$ が現れる。

界磁巻線 W_{fd} に挿入されたダイオード D は、界磁巻線に鎖交する磁束数が増加するときにはオフとなるが、磁束鎖交数が減少しようとするとオンとなり、磁束鎖交数を一定に保つような界磁電流 i_{fd} が流れる。

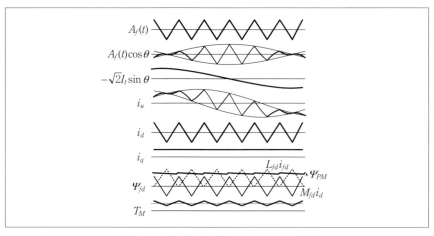

〔図 8.34〕電流、鎖交磁束波形

すなわち、界磁巻線に鎖交する磁束数のピーク値を保持するように動作する。よって、界磁磁束鎖交数 Ψ_{fd} は、(8.5) 式に示すように、励磁電流によって作られる磁束鎖交数 $M_{fd}i_d$、界磁電流によって作られる磁束鎖交数 $L_{fd}i_{fd}$ および永久磁石による磁束数 Ψ_{PM} の和となる。

$$\Psi_{fd} = M_{fd} i_d + L_{fd} i_{fd} + \Psi_{PM} \quad \cdots\cdots\cdots\cdots (8.5)$$

ここで、界磁回路のインダクタンス、もしくは時定数が十分に大きい場合は、変調波形 $A_f(t)$ を実効値 I_f の三角波とすると、Ψ_{fd} は (8.6) 式にて表され、図 8.34 に示すようにほぼ一定となる。

$$\Psi_{fd} = \frac{3}{\sqrt{2}} M_{fd} I_f + \Psi_{PM} \quad \cdots\cdots\cdots\cdots (8.6)$$

また、固定子 d 軸巻線の磁束鎖交数 Ψ_d は次のようになる。

$$\Psi_d = \sqrt{\frac{3}{2}} \sigma L_d A_f(t) + \frac{3}{\sqrt{2}}(1-\sigma) L_d I_f + \frac{M_{fd}}{L_{fd}} \Psi_{PM} \quad \cdots\cdots (8.7)$$

ここで、σ は漏れ係数であり、次式で与えられる。

$$\sigma = 1 - \frac{M_{fd}^2}{L_d L_{fd}} \quad \cdots\cdots\cdots\cdots (8.8)$$

界磁磁束鎖交数 Ψ_{fd} は、界磁回路の時定数 $T_{d0}=L_{fd}/r_{fd}$ とバイアス周波数 ω_b により大きく変化する。その様子を図 8.35 (a)、(b) に、永久磁石による磁束鎖交数を無視し、半波整流ブラシなし励磁法のみによる界磁磁束鎖交数と界磁電流波形を、$\omega_b T_{d0}$ をパラメータにして示す。ここで、図では最大値 $(3/\sqrt{2})M_{fd}I_f$ によって規格化している。図に示すように、$\omega_b T_{d0}$ が大きくなるとダイオードがオフしている期間が短くなり、界磁磁束鎖交数 Ψ_{fd} の変動幅は小さくなる。よって、$\omega_b T_{d0}$ を大きくとる（たとえば、$\omega_b T_{d0}=50$rad 以上）ことで、Ψ_{fd} の変動は無視し得ることがわかる。

次にトルク発生の原理について説明する。先の (8.3) 式で表されるバイアス周波数の変調波形によって振幅変調された励磁電流成分に、トル

ク電流成分を加えた次のような三相交流電流を供給する。

$$\left.\begin{aligned} i_u &= A_f(t)\cos\theta - \sqrt{2}I_t\sin\theta \\ i_v &= A_f(t)\cos(\theta - 2\pi/3) - \sqrt{2}I_t\sin(\theta - 2\pi/3) \\ i_w &= A_f(t)\cos(\theta - 4\pi/3) - \sqrt{2}I_t\sin(\theta - 4\pi/3) \end{aligned}\right\} \quad \cdots\cdots\cdots\cdots (8.9)$$

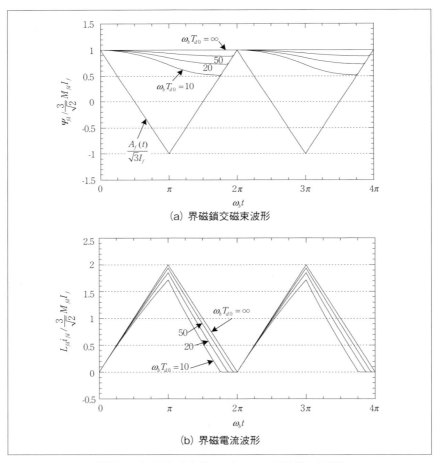

(a) 界磁鎖交磁束波形

(b) 界磁電流波形

〔図 8.35〕回路時定数とバイアス周波数の影響

ここで、I_t はトルク電流成分の実効値であり、u 相電流の波形は図 8.34 のようになる。

上式を dq 軸座標に変換すると、dq 軸電流は次のようになる。

$$\left. \begin{array}{l} i_d = \sqrt{\dfrac{3}{2}} A_f(t) \\ i_q = \sqrt{3} I_t \end{array} \right\} \quad \cdots\cdots\cdots\cdots\cdots\cdots\cdots\cdots\cdots\cdots (8.10)$$

これにより、図 8.33 の q 軸巻線 W_q に直流電流 i_q を流した場合と同様の起磁力が得られ、q 軸巻線の磁束鎖交数 Ψ_q は次のようになる。

$$\Psi_q = \sqrt{3} L_q I_t \quad \cdots\cdots\cdots\cdots\cdots\cdots\cdots\cdots\cdots\cdots\cdots\cdots (8.11)$$

したがって、モータに発生するトルク T_M は、

$$\begin{aligned} T_M &= \Psi_d i_q - \Psi_q i_d \quad \cdots (8.12) \\ &= 3\sqrt{\dfrac{3}{2}}(1-\sigma) L_d I_f I_t + \sqrt{3} \dfrac{M_{fd}}{L_{fd}} \Psi_{PM} I_t + \dfrac{3}{\sqrt{2}}(\sigma L_d - L_q) A_f(t) I_t \end{aligned}$$

となり、これが永久磁石を併用した半波整流ブラシなしモータのトルク発生の原理である。(8.12) 式の第 1 項は励磁電流によって生じる平均トルク、第 2 項は永久磁石によって生じる平均トルクを表し、第 3 項は変調波形 $A_f(t)$ で変動する脈動トルクを表す。

8.4.3　実験機の試作と実験結果

同じ鉄心構造を持ち、永久磁石を併用する方式と併用しない方式の 2 種類の半波整流ブラシなし同期モータを試作し実験を行った。表 8.2 に

〔表 8.2〕モータ定格および定数

定格出力	2kW	L_d	0.095H
定格電圧	200V	L_q	0.049H
定格周波数	60Hz	r_{fd}	3.62 Ω
定格電流	10.3A	L_{fd}	0.379H
極数	4	M_{fd}	0.172H
		Ψ_{PM}	0.119Wb

モータの設計諸元とモータ定数を、図 8.36 に試作した永久磁石併用方式の鉄心構造を示す。回転子鉄心は突極形で、界磁磁極中央スロットにサマリウムコバルト磁石が、厚さ 1mm のスペーサとともに埋め込まれている。界磁巻線は、起磁力分布が正弦波に近づくように二組のスロットに分布して巻かれている。

図 8.37 に、種々の速度指令に対する永久磁石併用方式半波整流ブラシなしモータの出力特性を示す。実験は 2 種類の励磁電流指令値に対して行った。ここで、励磁指令 0200 等はコントローラに使用する 16 進数コードであり、励磁電流成分の変調波形実効値 I_f に換算すると、励磁指令：0200 は約 1.443A であり、励磁指令：0400 は約 2.887A である。

本モータの励磁電流成分とトルク電流成分はともに固定子三相巻線に供給されるため、同一の回転数・出力で比較した場合、同図 (a) に示すように、出力が小さい領域では励磁指令が大きいほど電機子電流は大きくなる。しかし、出力が大きい領域では、励磁指令が小さくなるほどトルク電流成分が増大し、電機子電流は大きくなる。

実験はインバータ入力直流電圧 250V 一定で行った。そのため、インバータの最大線間電圧は約 180V に制限され、得られる出力も回転数 1,500rpm で 1,500W 程度であった。

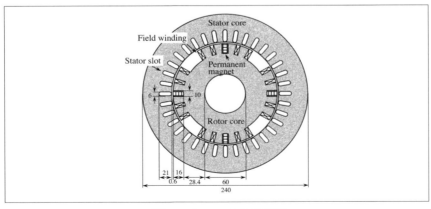

〔図 8.36〕モータの概形図

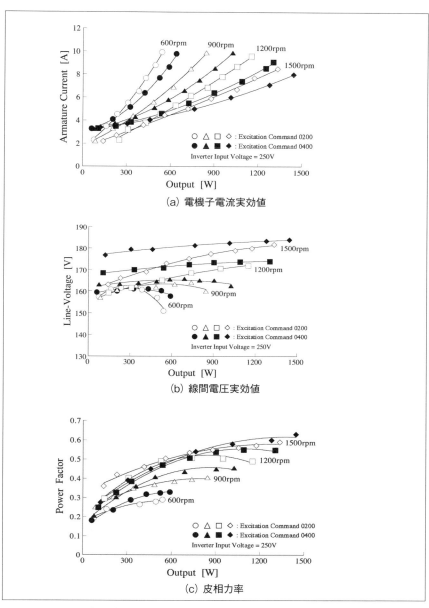

〔図 8.37〕出力特性の実験結果（永久磁石あり）

- 281 -

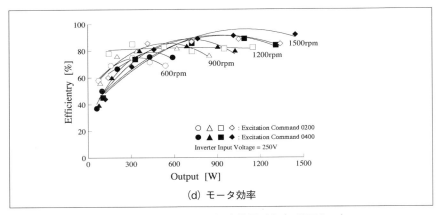

(d) モータ効率

〔図 8.37〕出力特性の実験結果（永久磁石あり）

　同一回転数で比較した場合、出力が小さい領域では励磁指令が小さいほど誘導起電力が小さく、線間電圧も低くなる。しかし出力が大きい領域では、励磁指令が小さいほど必要なトルク電流が大きくなるため、線間電圧の上昇率が大きくなる。

　本モータの励磁エネルギーは、固定子三相巻線に高周波の励磁電流成分を流すことによって供給される。したがって、モータの皮相力率は常に1以下となり、本実験では、同図 (c) のように最高63%程度である。しかしながら、永久磁石を併用しており、ギャップが 0.6mm と小さく、励磁電流成分に対するインピーダンスも小さいため、固定子に供給される励磁エネルギーは小さく、同図 (d) のように最高で 92% の効率が得られている。

　図 8.38 に励磁指令が変化したときの電機子電流実効値および力率の変化を、出力をパラメータにして示す。同一の回転数、出力で比較した場合、励磁電流成分は励磁指令に比例して増加し、トルク電流成分は励磁指令に反比例して減少する。したがって、電機子電流が最小に、すなわち皮相力率が最大になる励磁指令が存在する。なお、同図 (b) に示すように出力が増加するほど力率も増大する。

　図 8.39 に永久磁石を併用した場合と併用しない場合のモータの定常

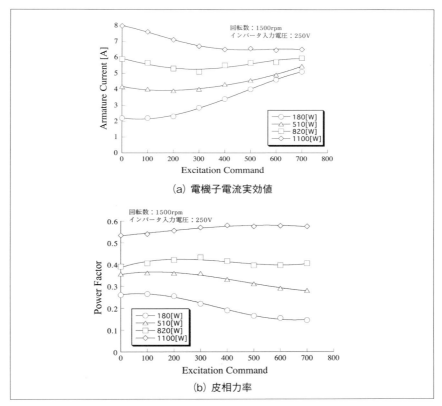

〔図 8.38〕励磁指令-電機子電流、力率特性

特性を比較して示す。定トルク領域のみの比較試験であるが、永久磁石を併用することによって、効率特性が改善されることがわかる。

8.4.4 定常特性解析結果

本項では、変調波形が定常特性に及ぼす影響を、回路シミュレータにて解析した結果を示す。(8.1) 式の dq 軸電圧方程式に、(8.2) 式の dq 軸磁束鎖交数を代入すると次のようになる。

$$e_d = L_d \frac{di_d}{dt} + M_{fd}\frac{di_{fd}}{dt} - \omega L_q i_q + r_a i_d$$

$$e_q = \omega L_d i_d + \omega M_{fd} i_{fd} + \omega \frac{M_{fd}}{L_{fd}} \Psi_{PM} + r_a i_q \quad \Bigg\} \quad \cdots\cdots\cdots\cdots\cdots (8.13)$$

$$e_{fd} = M_{fd}\frac{di_d}{dt} + L_{fd}\frac{di_{fd}}{dt} + r_{fd} i_{fd}$$

各電流指令 i_d、i_q、i_{fd} を一周期 T にわたって与えると、固定子相電圧の実効値 V、電機子電流の実効値 I、平均トルク T_{av}、出力 P_{av} は次式を使って求められる。

$$V = \frac{1}{\sqrt{3}}\sqrt{\frac{1}{T}\int_0^T (e_d^2 + e_q^2)\,dt} \quad \cdots\cdots\cdots\cdots\cdots (8.14)$$

$$I = \frac{1}{\sqrt{3}}\sqrt{\frac{1}{T}\int_0^T (i_d^2 + i_q^2)\,dt} \quad \cdots\cdots\cdots\cdots\cdots (8.15)$$

$$T_{av} = \frac{1}{T}\int_0^T (\Psi_d i_d + \Psi_q i_q)\,dt \quad \cdots\cdots\cdots\cdots\cdots (8.16)$$

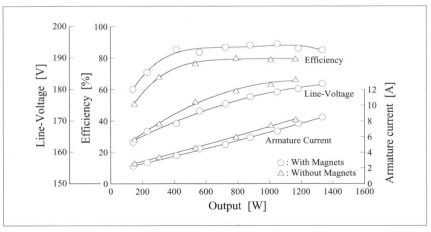

〔図 8.39〕出力特性（永久磁石併用の効果）

$$P_{av} = \omega T_{av} \quad \cdots\cdots\cdots\cdots\cdots\cdots\cdots\cdots\cdots\cdots\cdots\cdots\cdots\cdots\cdots\cdots\cdots (8.17)$$

$$\cos\phi = \frac{P_{av}}{3VI} \quad \cdots\cdots\cdots\cdots\cdots\cdots\cdots\cdots\cdots\cdots\cdots\cdots\cdots\cdots\cdots (8.18)$$

　図8.40に解析に用いた変調波形を示す。すべての変調波形において、励磁電流実効値を1.443Aとしているため、ピーク値は大きい方から、三角波、正弦波、台形波の順である。ここで、台形波は立ち上がり区間、立ち下り区間、さらに最大値、最小値の一定区間が等しくなるような波形を用いている。図8.41に、回転数をパラメータにして、出力に対する電機子電流、線間電圧、力率特性を示す。本モータの界磁巻線はダイオードで短絡されており、原理でも述べたが、そのダイオードの作用により、界磁電流は磁束鎖交数の最大値を一定に保つように流れる。したがって、同じ出力を得るのに変調波形の最大値（ピーク値）が大きいほど、電機子電流は小さくなり、力率もよくなることがわかる。

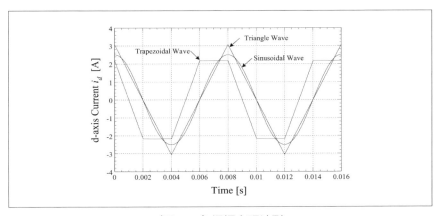

〔図8.40〕振幅変調波形

第 8 章◇定数可変モータ

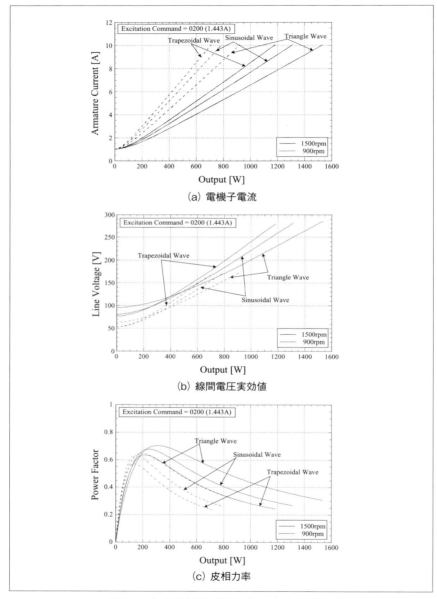

(a) 電機子電流

(b) 線間電圧実効値

(c) 皮相力率

〔図 8.41〕出力特性（振幅変調波形の影響）

参考文献

(8-1) 前村明彦：「埋込み磁石形同期電動機の電子巻線切替えによる速度範囲の拡大方法」、平成22年電気学会産業応用部門大会、Vol.II、No.2-S8-6、pp.93-96（2010）

(8-2) V. Ostovic, "Memory motors", Industry Applications Magazine, IEEE, Vol.9, Issue.1, pp.52-61(2003)

(8-3) 堺和人、結城和明、橋場豊、高橋則雄：「可変磁力メモリモータの原理と基本特性」、平成21年電気学会産業応用部門大会、No.3-10、pp.179-184（2009）

(8-4) 新田勇、前川佐理、志賀剛、「直列型可変磁力モータ」、電気学会全国大会、No.5-013、pp.20-21（2010）

(8-5) 金弘中、岡部悟、宮崎泰三、日野徳昭：「永久磁石を用いた可変磁束モータの動作原理と基本特性」、平成21年電気学会全国大会、No.5-160、pp.26-27（2009-3）

(8-6) 周広斌、宮崎泰三、川又昭一、金子大吾：「電気自動車に適用する磁束可変型永久磁石モータの性能評価」、平成22年電気学会全国大会、No.5-014、pp.22-23（2010-3）

(8-7) 野中剛、牧野省吾、平山雅之、大戸基道：「可変界磁モータの効率評価」、平成23年電気学会産業応用部門大会、Vol.I, No.1-O6-3、pp.91-94（2011）

(8-8) 大賀荘平、石井隆明、野中剛、大戸基道：「可変界磁モータの試作と評価」、平成25年電気学会産業応用部門大会、Vol.Ⅲ、No.3-32、pp.201-206（2013）

(8-9) 加藤崇、赤津観：「漏れ磁束制御型可変特性モータの磁石動作点特性」、平成27年電気学会産業応用部門大会、Vol.Ⅲ, No.3-1、pp.65-70（2015）

(8-10) Takashi Kato, Hiroki Hijikata, Masanao Minowa, Kan Akatsu, Robert D Lorenz：「Design Methodology for Variable Leakage Flux IPM for Automobile Traction Drives」、IEEE Energy Conversion Congress and Exposition (ECCE), pp.3548-3555 (2014)

(8-11) 加藤崇、簑輪昌直、土方大樹、赤津観：「可変漏れ磁束特性を利用した埋込磁石型同期モータの高効率化」、平成26年電気学会産業応用部門大会、Vol.Ⅲ、No.3-13、pp.139-142（2014）

(8-12) 井上正哉、黒田洋一、守田正夫、東道年、枦山盛幸：「脱レアアース②－クローポールモータの可能性」、平成22年電気学会産業応用部門大会、Vol.Ⅱ、No.2-S8-3、pp.77-80（2010）

(8-13) 小山純、阿部貴志、樋口剛、山田英二：「永久磁石を併用した半波整流ブラシなし同期電動機の定常特性」、電学論D、109巻、7号、pp.507-514（1989）

(8-14) 小坂卓、松井信行：「省希土類系磁石ハイブリッド界磁モータのHEV応用への可能性」、平成22年電気学会産業応用部門大会、Vol.Ⅱ、No.2-S8-4、pp.81-86（2010）

(8-15) 小坂卓、廣瀬孝明、松井信行：「省レアアース磁石HEMの実験運転特性検討」、平成23年電気学会産業応用部門大会、Vol.Ⅰ、No.1-O6-2、pp.85-90（2011）

(8-16) 山田健二・前村明彦：「EV・HEV用モータドライブシステム」、技報安川電機、第74巻、第3号、pp.152-157（2010）

(8-17) 池田史亮・東川康児・川副洋介：「EV用モータドライブシステムの開発」、技報安川電機、第76巻、第3号、pp.134-136（2012）

(8-18) 野中剛、牧野省吾、平山雅之、大戸基道：「可変界磁モータ」、技報安川電機、第75巻、第4号（2011）

(8-19) 石井隆明、大賀荘平、野中剛、大戸基道：「可変界磁モータの制御と効率評価」、電気学会産業応用部門全国大会 Vol.Ⅲ、No.3-35、pp.223-228（2014）

(8-20) 小山純、鳥羽俊介、樋口剛、山田英二：「半波整流ブラシなし同期電動機の原理と基礎特性」、電学論D、107巻、10号、pp.1257-1264（昭62）

(8-21) 小山純、樋口剛、阿部貴志、山田英二：「永久磁石を併用した半波整流ブラシなし同期電動機の特性解析」、電気学会論文誌D、113巻2号、pp.238-246（1993）

(8-22) 阿部貴志, 小山純, 樋口剛：「半波整流ブラシなし同期電動機の位置センサレス始動位置検出法」、電気学会論文誌D、124巻、6号、pp.589-598（2004）

■ 著 者 紹 介 ■

樋口　剛
本書での執筆担当：第1章、第3章、第5章
1982 年　九州大学大学院工学研究科博士課程修了
1982 年　長崎大学工学部講師
現在　　長崎大学大学院工学研究科グリーンシステム創成科学専攻教授 工学博士
主としてモータ・発電機の設計と制御に関する教育と研究に従事

阿部　貴志
本書での執筆担当：第2章、第8.1節、第8.4節
1990 年　長崎大学大学院工学研究科修士課程電子工学専攻修了
1990 年　長崎大学工学部助手
1991 年 11 月～ 1992 年 6 月
　　　　トリノ工科大学電気工学科（イタリア政府奨学生）
2005 年　博士（工学）（長崎大学）学位取得
現在　　長崎大学大学院工学研究科電気・情報科学部門 教授
主としてモータドライブ、パワーエレクトロニクスに関する教育と研究に従事

横井　裕一
本書での執筆担当：第4章
2011 年　京都大学大学院工学研究科博士後期課程修了 博士（工学）
2011 年　長崎大学工学部助教
現在　　長崎大学大学院工学研究科助教
主として回転機の設計、非線形力学の工学的応用に関する研究に従事

宮本　恭祐
本書での執筆担当：第6章、第7章

1983 年	有明工業高等専門学校電気工学科卒業
1983 年	株式会社 安川電機入社
	以降、主に永久磁石同期機（回転型・リニア型）の研究開発に従事。
2011 年	長崎大学大学院工学研究科生産システム工学専攻 社会人博士課程入学
2013 年	同校 博士課程修了 博士（工学）
現在	株式会社 安川電機 システムエンジニアリング事業部
	環境エネルギー事業統括部 開発担当マネージャ

主として再生可能エネルギー分野における発電機の設計と、省エネルギー分野向け高効率モータに関する技術開発業務に従事

大戸　基道
本書での執筆担当：第8.2節、第8.3節

1986 年	大分大学大学院工学研究科修士課程修了
1986 年	株式会社 安川電機入社
	以降、解析技術及び電動機の研究開発に従事
2005 年	博士（工学）（大分大学）学位取得
現在	安川モートル株式会社 技術統括部長

●ISBN 978-4-904774-04-5

━日本AEM学会／平成25年度 著作賞━

大阪大学　平田　勝弘　監修

設計技術シリーズ
次世代アクチュエータ原理と設計法

本体 2,800 円＋税

第1章　次世代アクチュエータの分類と特徴
1. はじめに
2. 主な次世代アクチュエータの特徴と動作原理
   - 2-1　電磁アクチュエータ
     - 2-1-1　電磁アクチュエータの特徴
     - 2-1-2　力の発生原理による分類
     - 2-1-3　運動方向による分類
   - 2-2　超磁歪アクチュエータ
     - 2-2-1　超磁歪材料と超磁歪アクチュエータの特徴
     - 2-2-2　超磁歪アクチュエータ動作原理
   - 2-3　機能性流体アクチュエータ
     - 2-3-1　機能性流体と機能性流体アクチュエータの特徴
     - 2-3-2　機能性流体アクチュエータの動作原理
   - 2-4　形状記憶合金アクチュエータ
     - 2-4-1　形状記憶合金と形状記憶合金アクチュエータの特徴
     - 2-4-2　形状記憶合金アクチュエータの動作原理
   - 2-5　圧電・超音波アクチュエータ
     - 2-5-1　圧電材料と圧電アクチュエータの特徴
     - 2-5-2　駆動原理
3. 次世代アクチュエータの特性比較
   - 3-1　力−変位特性
   - 3-2　力−駆動周波数特性
   - 3-3　力−質量特性
4. おわりに

第2章　高調波磁束を用いた磁気減速機・モータ
1. はじめに
2. 高調波磁束を用いた磁気減速機
   - 2-1　概要
   - 2-2　構造
   - 2-3　磁気減速機の動作原理
   - 2-4　減速比の選び方
   - 2-5　磁気減速機の最大伝達トルク
   - 2-6　磁気減速機の伝達トルク
   - 2-7　磁気減速機の損失
   - 2-8　試作機を用いた評価
3. 磁気ギアードモータ
   - 3-1　概要
   - 3-2　構造
   - 3-3　動作原理
   - 3-4　磁気ギアードモータの回転速度−トルク特性
   - 3-5　脱調現象を利用するための巻線設計法
4. バーニアモータ
   - 4-1　概要
   - 4-2　構造
   - 4-3　動作原理
   - 4-4　集中巻タイプの特性検証
   - 4-5　分布巻タイプの特性検証

第3章　多自由度アクチュエータ
1. はじめに
2. 多自由度アクチュエータの分類
   - 2-1　駆動方向による分類
   - 2-2　構造による分類
   - 2-3　制御方法による分類
3. 多自由度アクチュエータの要素技術
   - 3-1　設計・解析技術
   - 3-2　支持・案内技術
   - 3-3　センサ
   - 3-4　評価
4. 多自由度アクチュエータの開発動向
   - 4-1　超音波モータ
   - 4-2　磁歪モータ
   - 4-3　誘導モータ
   - 4-4　同期モータ
   - 4-5　その他
5. 多自由度アクチュエータの開発事例
   - 5-1　産業技術総合研究所の球面モータ
     - 5-1-1　球面周期モータ
     - 5-1-2　多面体にもとづく球面モータ
   - 5-2　大阪大学の球面アクチュエータ
     - 5-2-1　インナーロータ型3自由度球面電磁アクチュエータ
     - 5-2-2　3軸独立制御可能な球面電磁アクチュエータ
     - 5-2-3　2軸フレーム型球面電磁アクチュエータ
6. おわりに

第4章　超磁歪アクチュエータ
1. はじめに
2. 超磁歪特性とアクチュエータへの応用
3. 超磁歪アクチュエータの適用分野
4. Fe-Ga合金（Galfenol）の材料特性とアクチュエータ設計
   - 4-1　Fe-Ga合金（Galfenol）とは
   - 4-2　Fe-Ga合金の材料特性
   - 4-3　アクチュエータの構成
   - 4-4　小型化のメリット
   - 4-5　応用事例
     - 4-5-1　骨伝導デバイス
     - 4-5-2　球面モータ
5. 数値解析による設計法
   - 5-1　超磁歪アクチュエータ
   - 5-2　超磁歪アクチュエータ駆動平面スピーカ
6. まとめ

第5章　機能性流体アクチュエータ
1. はじめに
   - 1-1　磁場に応答する機能性流体
   - 1-2　電場に応答する機能性流体
   - 1-3　電磁場に応答する機能性流体の基礎方程式系
2. 磁場に応答する機能性流体を用いたアクチュエータ
   - 2-1　磁性流体を用いたアクチュエータの基本原理
   - 2-2　初期の磁性流体アクチュエータ
   - 2-3　磁性流体−弾性膜連成系によるアクチュエータ
   - 2-4　磁性流体中の非磁性物体を利用したアクチュエータ
   - 2-5　磁性流体−磁石系を利用したアクチュエータ
   - 2-6　MR流体を用いたダンパー
   - 2-7　MR流体を用いたブレーキ
   - 2-8　MR流体を用いたクラッチ型アクチュエータ
   - 2-9　磁気混合流体を用いたダンパー
3. 電場に応答する機能性流体を用いたアクチュエータ
   - 3-1　液晶を用いたモータ
   - 3-2　液晶ポンプ
   - 3-3　電界共役液体（ECF）アクチュエータ
   - 3-4　プラズマジェットアクチュエータ
4. おわりに

第6章　形状記憶合金アクチュエータ
1. はじめに
2. 形状記憶合金の特性と種類
3. 形状記憶合金アクチュエータの動作原理
   - 3-1　Ni-Ti系合金
   - 3-2　強磁性形状記憶合金
4. 解析設計の動向
   - 4-1　Ti-Ni系形状記憶合金アクチュエータの設計
   - 4-2　強磁性形状記憶合金アクチュエータの設計
     - 4-2-1　有限要素法による電磁場・構造の連成解析法
     - 4-2-2　解析事例
5. 形状記憶合金の応用デバイス開発事例
   - 5-1　Ti-Ni系形状記憶合金アクチュエータ事例
   - 5-2　強磁性形状記憶合金の応用事例
6. 今後の展望

第7章　圧電・超音波アクチュエータ
1. はじめに
2. 圧電効果と圧電材料
3. 圧電アクチュエータ
   - 3-1　駆動原理
   - 3-2　構成例
   - 3-3　特長と応用分野
4. 超音波アクチュエータ
   - 4-1　駆動原理と分類
   - 4-2　構成例
   - 4-3　設計自由度の高さを生かした設計法
   - 4-4　特長と応用分野
5. おわりに

発行／科学情報出版（株）

ISBN 978-4-904774-17-5　　　㈱東芝　野田　伸一　著

設計技術シリーズ

モータの騒音・振動と対策設計法

本体 3,600 円＋税

第1章　モータの基礎
　1．モータの構造
　2．モータはなぜ回るのか
　3．実際のモータの回転構成と特性
　　3.1　三相誘導モータ
　　3.2　ブラシレスDCモータ
第2章　騒音・振動の基礎
　1．騒音・振動の基礎
　　1.1　自由度モデル
　　1.2　1自由度モデルの強制振動
　　1.3　設置ベースに伝わる力
　　1.4　多自由度モデル
　　1.5　振動モード解析の基礎
　2．振動測定の基礎、周波数分析
　　2.1　振動測定
　　2.2　振動測定の原理
　　2.3　各種の振動ピックアップ
　　2.4　振動測定の方法と注意点
　　2.5　周波数分析
　　2.6　振動データの表示
　3．有限要素法による振動解析
　　3.1　CAEとは
　　3.2　有限要素法による解析
　　3.3　振動問題への取り組み
　　3.4　固有値解析
　　3.5　周波数応答解析
第3章　モータ構成部品の機械特性
　1．円環モデルの固有振動数と振動モード
　　1.1　円環モデルの固有振動数
　　1.2　実験方法
　　1.3　三次元円環モデルの有限要素法による振動解析
　　1.4　結果および考察
　　1.5　まとめ
　2．実際の固定子鉄心の固有振動数
　　2.1　簡易式による固定子鉄心の固有振動数の計算

　　2.2　実験
　　2.3　実験結果
　3．有限要素法による固有振動数解析
　　3.1　解析方法
　　3.2　スロット底の要素分割法による影響
　　3.3　解析結果
　　3.4　スロット内の巻線の影響
　　3.5　まとめ
第4章　モータの電磁力
　1．モータ電磁振動・騒音の発生要因
　　1.1　電磁力の発生周波数と電磁力モード
　　1.2　電磁力の計算
　2．モータの機械系の振動特性
　　2.1　電磁力による振動応答解析
　　2.2　測定結果
　3．騒音シミュレーション
　4．まとめ
第5章　モータのファン騒音
　1．モータのファン騒音
　　1.1　ファン騒音の大きさと発生周波数
　　1.2　冷却に必要な通風量
　　1.3　ファンによる送風量
　2．モータファンの騒音実験
　　2.1　実験対象のモータの構造
　　2.2　ファン騒音の実測による検証
　　2.3　実験による空間共鳴周波数と騒音分布の検証
　　2.4　共鳴周波数解析
　3．モータファンの低騒音化
　　3.1　回転風切り音の発生メカニズム
　　3.2　等配ピッチ羽根による回転風切り音
　　3.3　不等配ピッチ羽根による回転風切り音
　4．まとめ
第6章　モータ軸受の騒音と振動
　1．モータの軸受の種類と特徴
　2．軸受音の経過年数の傾向管理
　3．軸受音の調査方法
　　3.1　振動法とは
　　3.2　軸受の傷の有無の解析方法
　　3.3　軸受の音の周波数
　4．モータ軸受振動と騒音の事例
　5．まとめ
第7章　モータの騒音・振動の事例と対策
　1．モータの騒音・振動の要因
　　1.1　電磁気的な要因
　　1.2　機械的振動の要因
　　1.3　軸受音の要因
　　1.4　通風音の要因
　　1.5　モータ据付け架台の要因
　　1.6　モータの基礎要因
　事例1　モータの磁気騒音　音源
　事例2　ファン用モータのうなり音　音源
　事例3　ファンモータの不等配ピッチ　通風の音源
　事例4　インバータ駆動によるモータ　インバータ音源音
　事例5　モータ固定子鉄心の固有振動数　共振伝達
　事例6　モータ運転時間経過による騒音変化　伝達特性
　事例7　モータのスロットコンビ　音源と伝達
　事例8　ボール盤用モータの異常振動　音源
　事例9　モータ据付け系の振動　伝達系
　事例10　隣のモータからもらい振動　伝達
　事例11　モータの架台と振動　据付け振動
　事例12　工作機械とモータの振動　相性の振動

発行／科学情報出版（株）

設計技術シリーズ

交流モータの原理と設計法
永久磁石モータから定数可変モータまで

2017年3月30日　初版発行

著　者
樋口　　剛
阿部　貴志
横井　裕一
宮本　恭祐
大戸　基道

©2017

発行者　松塚　晃医
発行所　科学情報出版株式会社
〒300-2622　茨城県つくば市要443-14 研究学園
電話　029-877-0022
http://www.it-book.co.jp/

ISBN 978-4-904774-53-3　C2054
※転写・転載・電子化は厳禁